Google Analytics
疑難雜症大解惑

讓你恍然大悟的 **37** 個必備祕訣

2020年最新版

曾瀚平、鄭江宇 ——— 著

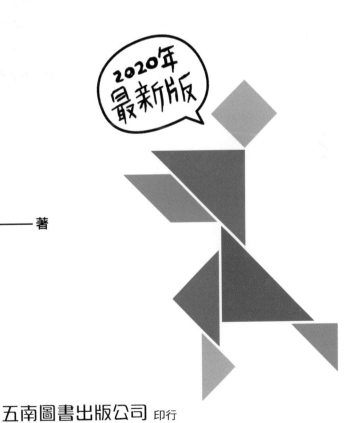

五南圖書出版公司 印行

┃二版序 PREFACE

　　首先感謝廣大讀者們對於第一版《Google Analytics疑難雜症大解惑》的支持與肯定，本次改版目的在於呼應Google Analytics系統畫面與功能改版，以便確保讀者在書籍上所看到的內容能夠盡可能與系統畫面一致。

　　Google Analytics是一項具備簡易操作介面與多樣化圖形化報表的流量分析工具，非常受到網站以及行動應用程式經營者們的依賴，再加上Google Analytics能夠與其他第三方工具 (如微軟Power BI) 或Google旗下工具 (如Google Ads) 相互串連，使得數據分析師更能夠展現無縫接軌的一體化報表。

　　很遺憾地，在預設情況下一般用戶僅能夠使用約40%的Google Analytics基礎功能。其餘的進階功能仍仰賴使用者以手動方式進行開啟或設定，因此本書撰寫初衷便是傳達許多Google Analytics進階功能設定的技巧，甚至是提供多種疑難雜症問題的解析。 書中規劃「運作釐清篇」、「名詞比較篇」、「功能操作篇」、「報表解讀篇」以及「外部整合篇」等五大主題，每一位讀者都可以訂定自己的學習路徑，若遇到概念上銜接的問題，本書也會引導讀者回頭檢視其他章節內容。此外，本書使用淺顯易懂的文字和情境模擬描述，再搭配操作步驟畫面截圖，詳細帶領讀者進行一連串的 GA 進階學習。如果自己想要使Google Analytics分析能力更上一層樓，那麼千萬別錯過本書精彩的內容。

　　最後，提醒各位讀者縱然筆者竭盡所能欲呈現最新穎的操作內容與方式，但礙於 Google Analytics 改版頻繁，難免會出現截圖畫面與實際操作畫面不一致的情形，再請各位讀者給予指教與包容，另外也非常期待讀者給予回饋以及意見，教學相長之餘，也造就本書內容更加完備及嚴謹。

曾瀚平、鄭江宇

東吳大學巨量資料管理學院

2020.02.01

作者序 PREFACE

　　Google Analytics 流量分析工具由於擁有簡單的操作介面和多元的圖形化報表，因此廣受網站經營者以及行動應用程式經營者的喜愛。與兩三年前相比，學習 Google Analytics 流量分析工具的人數只能用「暴增」來形容，但礙於教材貧乏和網路資訊分散等原因，很多人在學習過程中倍感挫折。此外，在跟隨鄭江宇老師一同推廣 Google Analytics 多年的過程中也發現，大部分的人對於 GA 認知僅停留在程式碼的安裝與啟用預設報表，對於後續進階操作與設定，卻心有餘而力不足。

　　在接觸許多學員並傾聽他們的問題及需求後，也再次驗證了基礎 GA 操作以及資料解讀之間確實嚴重產生斷層，這之間缺乏了一座銜接的橋梁，就是 GA 進階功能的操作與方法，因此筆者花費了一年多的時間彙整所有學員曾經提出的問題，以及網路平台上 GA 使用者所提出的 GA 相關問題，撰寫成《Google Analytics 疑難雜症大解惑》一書，希望協助大家跨越基礎 GA 的門檻，更進一步向 GA 進階操作邁進。

　　為幫助讀者能夠很快的找到自己學習上的痛點，筆者將本書規劃為「運作釐清篇」、「名詞比較篇」、「功能操作篇」、「報表解讀篇」以及「外部整合篇」五大主題，每一位讀者都可以訂定自己的學習路徑，若遇到概念上銜接的問題，本書也會引導讀者回頭檢視其他章節的內容。此外，本書盡量使用淺顯易懂的文字和情境模擬的描述，再搭配操作步驟的畫面截圖，詳細的帶領讀者進行一連串之 GA 進階學習。

　　最後，提醒各位讀者縱然筆者竭盡所能欲呈現最新穎的操作內容與方式，但礙於 Google Analytics 改版頻繁，難免會出現截圖畫面與實際操作畫面不一的情形，再請各位讀者給予指教與包容，另外也非常期待讀者給予回饋以及意見，教學相長之餘，也造就本書內容更加完備及嚴謹。

曾瀚平、鄭江宇

東吳大學巨量資料管理學院

2018.05.01

目錄 CONTENTS

1 運作釐清篇

2 名詞比較篇

3 功能操作篇

4

報表解讀篇

5 外部整合篇

1 運作釐清篇

Google Analytics (GA) 自 2005 年上市至今已經過了 15 個年頭，期間也歷經許多次改版。許多使用者在第一次使用 GA 後，紛紛被它的強大功能嚇了一跳！也從此踏入了流量分析領域。然而，GA 在網路上流傳的相關資料紊亂，眾所皆知，在沒有官方釋疑情況下，許多人只好忽略內心疑問，心想只要 GA 能夠正常運作就好。話雖如此，許多 GA 運作的疑問若沒有予以釐清，對於流量分析任務來說，可是相當不利，因此本篇藉著釐清下列 GA 運作相關疑問來作為全書開端，象徵著 GA 運作必要的基礎條件，包含：

祕訣 1.　GA 如何運作？

祕訣 2.　GA 可應用於哪些場域且如何嵌入 GATC？

祕訣 3.　GATC 如何解讀？

祕訣 4.　如何讓多組 GATC 植入同一個網站？

祕訣 5.　如何確認 GATC 是否正常運作？

祕訣 6.　如何設定 GATC 網站速度採樣率 & 網站速度的重要性？

祕訣 7.　GA 如何辨識新舊訪客？

祕訣 8.　GA 有哪些相關的 API？

祕訣 9.　GA 如何得知訪客性別、年齡以及興趣？

祕訣 10. 站內式分析與站外式分析的運作有何不同？

GA 如何運作？

從本章可以學到

- GA 運作四大環節
- GA 帳戶建立的操作
- GA 數據的蒐集原理

GA 的運作

GA 運作過程可視為一種循環，它由四大環節所組成，依序為：數據蒐集 (Collecting)、條件配置 (Allocating)、資料處理 (Processing) 以及資料呈現 (Reporting)，一旦啟動了 GA，它就會依照這個循環不停的運作，如圖 1-1 所示。

圖 1-1　GA 運作循環

數據蒐集 (Collecting)

　　GA 運作的起始為「數據蒐集」，想透過 GA 記錄訪客在網站或 APP 中留下的行為足跡，首先得建立「GA 伺服器」與「側錄網站或 APP」之間的橋梁，使得兩者之間的流量資料得以互通有無。不過，在我們建立這座橋梁之前，必須先進行一些前置作業，也就是建立一個新的 GA 帳戶。讀者可在搜尋引擎輸入「google analytics」後，點選圖 1-2 框線處的搜尋結果，或是直接輸入網址「https://analytics.google.com/analytics/web/」亦可來到 GA 分析平台的入口。

📖 1-2　進入 GA 官方網站首頁

　　接下來畫面會要求登入Gmail帳戶，如圖1-3所示。若沒有Gmail帳戶的使用者，請先點選框線處的「建立帳戶」，因為幾乎所有 Google 旗下軟體都是以 Gmail 帳戶來啟用。

圖 1-3　登入 Gmail 帳號

　　登入 Gmail 帳戶後，請點選圖 1-4 框線處的「申請」以便申請一個新的 GA 帳戶。從這個步驟，我們便可觀察到 Gmail 帳戶並非等同於 GA 帳戶，只不過 GA 帳戶是透過 Gmail 帳戶進行申請。

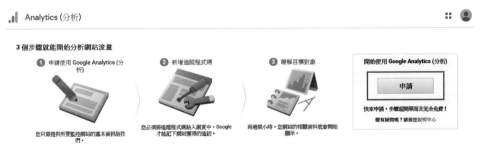

圖 1-4　申請新 GA 帳戶

　　首先請在圖1-5框線處建立一個帳戶名稱。

建立帳戶

① 帳戶設定

帳戶詳情

帳戶名稱 (必填)
帳戶所含追蹤 ID 可超過 1 個。

為您的新帳戶命名

必須提供帳戶名稱

🔘 1-5　帳戶設定

接著進入帳戶資料共用設定 (如圖 1-6 所示)。勾選框線①「Google 產品和服務」，GA 會將資料分享給 Google 旗下其他產品使用，以便讓不同產品間的帳戶資料能夠互通有無，例如：Google AdWords。勾選框線②「基準化」可使 GA 開啟以側錄網站為基準，並和其他同類別網站進行流量成效對比的功能，此選項若核取，便能夠讓公開資料以匿名方式匯總至你的報表內，同時你的 GA 流量資料也會以匿名方式供其他 GA 使用者進行成效比較。

最後勾選框線③「技術支援」或是框線④「帳戶專家」，都是讓 Google 在必要時能夠存取你的 GA 資料，並以電子郵件方式提供技術問題的協助與解答，而協助內容會與後續在 GA 資源設定中所選擇的產業類別相關。當所有設定都完成後，便可點選框線⑤處「下一步」。

🔘 1-6　帳戶資料共用設定

接著請在圖 1-7 的畫面中選擇分析標的為「網頁」、「應用服務」或是「應用程式和網站」。完成後點選框線處的「下一步」。若選擇「網頁」作為分析標的，接續就要為該網頁設定詳情，在此稱為資源設定。所需設定項目如圖 1-8 所示，請在框線①處定義「網站名稱」，框線②處輸入側錄「網站網址」，且網址開頭需依照所欲分析網站是否有加密而選擇「無加密 http://」或是「有加密 https://」，一旦選定好之後，空格內即不需要重複填寫 http:// 或 https://。此外，網址部分請填寫至根目錄即可，這將使得根目錄下方所有的子目錄網頁都能夠同時被相同 GA 帳戶追蹤。

　　另外，在框線③處請選取一項「產業類別」，若為正式營運網站 (非練習用網站) 請將此項目設定為側錄網站實際能夠對應的行業別，最後，框線④處請將報表時區選擇為「台灣」。

圖 1-7　選擇分析標的

3 資源設定

圖 1-8　資源設定

　　接續會出現一個彈出視窗,要求使用者接受Google的服務條款合約,如圖1-9所示。請將箭頭處的項目核取,再點選下方框線處的「我接受」。完成之後,畫面中就會出現一組追蹤編號以及網站追蹤程式碼,如圖 1-10 框線處所示。

☑ 我也接受 GDPR 所要求的《資料處理條款》。瞭解詳情

與 Google 共用的資料必須遵守的附加條款

您曾表明希望與 Google 產品和服務共用 Google Analytics (分析) 資料。瞭解詳情

如要啟用這項設定，請詳閱並接受下方的《評估控管者對控管者資料保護條款》，這些條款適用於您根據 GDPR 規定與 Google 共用的資料。

如果您不想接受這些條款，可以隨時回到前一個畫面停用資料共用功能，並繼續完成帳戶申請程序。

下列 Google 評估服務控管者對控管者資料保護條款 (以下稱「控管者條款」) 係由 Google 與「客戶」簽訂。如「協議」係由「客戶」與 Google 簽訂，則本「控管者條款」將成為「協議」之增補條款。如「協議」係由「客戶」和第三方經銷商簽訂，則本「控管者條款」構成 Google 與「客戶」之間另行簽訂之協議。

為免生疑義，Google 評估服務之提供係受到「協議」規範。本「控管者條款」僅列出與「資料共用設定」有關的資料保護條款，但不適用於 Google 評估服務之提供。

根據第 7.2 節 (「處理者條款」)，本「控管者條款」將從「條款生效日期」

☑ 對於我與 Google 共用的資料，我接受《評估控管者對控管者資料保護條款》。

我接受　　我不接受

圖 1-9　接受 Google 服務條款

追蹤 ID
UA-145877782-1

狀態
過去 48 小時皆未收到任何資料。Learn more

網站追蹤

全球網站代碼 (gtag.js)
這是此資源的全球網站代碼 (gtag.js) 追蹤程式碼。請複製這段程式碼，並在您想追蹤的每個網頁上，於 <HEAD> 中當作第一個項目上。如果您的網頁已安裝全域網站代碼，則只要從以下程式碼片段將 config 行加入您既有的全域網站代碼就行了。

```
<!-- Global site tag (gtag.js) - Google Analytics -->
<script async src="https://www.googletagmanager.com/gtag/js?id=UA-145877782-1"></script>
<script>
  window.dataLayer = window.dataLayer || [];
  function gtag(){dataLayer.push(arguments);}
  gtag('js', new Date());

  gtag('config', 'UA-145877782-1');
</script>
```

圖 1-10　追蹤 ID 與追蹤程式碼

　　這段就是 GA 伺服器以及側錄網站之間的橋梁，由 JavaScript 程式碼所撰寫而成，名為 GATC (Google Analytics Tracking Code)。GATC 又分為兩種版本，一種是目前普及率較高的 analytics.js，另一種是新版本的 gtag.js，兩種不同版本各有使用上之差異，這部分將會在後續章節中有更詳盡的說明。

不過，在 GATC 嵌入完成的側錄網站中，真正擁有數據蒐集功能的並非 GATC 本身，而是 GA 伺服器藉由 GATC 發送到訪客瀏覽器資料夾中的一種小型文字檔案 (又稱為 Cookie)，關於 Cookie 的詳細介紹，請參考祕訣 7.。Cookie 的主要用途在於蒐集訪客造訪網站時所產生的最原始行為數據，包括：(1) 頁面數據，記錄訪客造訪網站的網址 (URL) 以及標題 (Title)。(2) 瀏覽器數據，記錄訪客使用的瀏覽器名稱 (Browser Name)、可視範圍 (Viewport)、解析度大小 (Resolution)、Java 啟用與否 (Java Enabled) 以及 Flash 版本號 (Flash Version)。(3) 訪客數據，記錄訪客所在位置 (Location) 以及使用語言 (Language)。以上這些數據就會像包裹一樣被統整起來存放進 Cookie 中，完成數據蒐集的步驟 (如圖 1-11)。不過若在申請 GA 帳戶時，追蹤類型選擇「應用程式」，則 GA伺服器與 APP 之間的橋梁僅透過「追蹤 ID」而非「GATC」，以便因應在 APP 環境中沒有 Cookie 可以進行數據蒐集之窘境。關於在 APP 中植入 GA 的操作方式，請參考祕訣 2. 的內容。

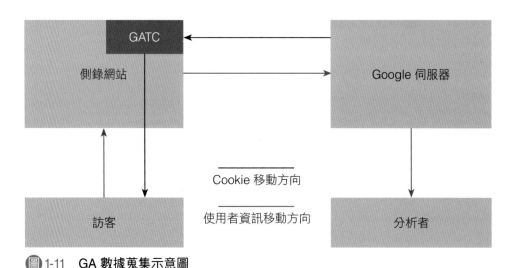

圖 1-11　GA 數據蒐集示意圖

條件配置 (Allocating)

當 GA 完成上述數據蒐集步驟後，接著就是將這些原始數據進行基本的設定，如此分析者便能夠在報表中看到流量分析數據，此步驟稱為條件配置。例如：(1) 若日後不想要在報表上看到太多因「自我瀏覽」而影響資料解讀產生的流量誤差時，或是想要排除掉沒有意義的惡意流量時，可以進行「流量過濾」設置。(2) 甚至在有些時候，一位訪客雖然造訪了兩個不同網域名稱的網站，但分析者希望此次造訪行為可以被合併記錄為一筆造訪流量，此時可以進行「跨域追蹤」的設置。(3) 有時候分析者為了更容易辨識自己所投放的每一項廣告活動，想要自行訂定廣告來源及名稱以防日後因流量雜亂而搞混時，則可進行「自訂廣告追蹤名稱」設置。(4) 而當分析者想要將轉換率達到門檻值或是瀏覽量超過預期當作一項觀測目標時，可以進行「目標轉換」設置。綜合上述的「流量過濾」、「跨域追蹤」、「自訂廣告追蹤名稱」及「目標轉換」，這些操作都在對原始數據進行設定，因而統稱為條件配置，其目的就是為了使最終呈現的流量分析報表能夠符合分析者預期。

資料處理 (Processing)

在蒐集完數據並按照分析者需求進行條件配置動作後，再來就是進行資料處理，不過這部分 Google 從未公開過它的處理過程 (據悉 Google 運用特殊演算法)，就好比可口可樂公司也從未公開過它的配方一般，屬於商業機密一環。不過可想而知的是，Google 會將原始數據轉換成為具有分析價值的資料。例如：在資料處理過後，我們可以得知訪客造訪側錄網站時，使用的是桌上型電腦、行動裝置、還是平板電腦，甚至再更細部一點，還會進行資料歸類，像是同樣是一筆關於行動裝置的原始資料，經過資料處理後，可依照行動裝置的型號、行動裝置網路服務供應商、行動裝置的作業系統等等進行資料歸類。除此之外，資料處理最主要的就是執行資料運算任務，舉凡資料排序、轉換率計算方式等，這些都包含在資料處理環節中。

資料呈現 (Reporting)

　　一旦經過資料處理過後，資料將無法再進行修改，接下來就會進入最後一個環節，也就是資料呈現。資料呈現的方式有好幾種，可以是平時最常見的數字型態資料，或者是折線圖、圓餅圖、動態圖等視覺化報表，其用意皆是為了讓分析者能夠透過報表更容易解讀流量資料。一般而言，分析者可以從 GA 平台上看到報表，不過也可以依照分析者需求，利用開放 API (Application Programming Interface) 將報表提取至自己的應用場域中呈現。有關於 API 的使用，可參閱外部整合篇的內容。

GA 可應用於哪些場域
且如何嵌入 GATC ？

網站場域嵌入 GATC

　　GA 可被運用的場域主要有三種，分別是網站、行動應用程式 APP 以及物聯網設備。其中 GA 最普遍且最常被拿來使用的場域就是網站，根據市調機構 SimilarTech 於 2015 年的統計資料指出，全世界有超過 4,800 萬個網站正使用 GA 當作網站流量分析工具，且數量仍在逐年增加中。另一家市調機構 BuildWith 也指出，全球前1萬個大型網站中，就有 69.5% 的網站使用了 GA 網站流量分析工具，位居所有網站流量分析工具使用率第一名。在網站中嵌入 GATC 的方式主要可分為兩種：(1) 程式碼嵌入：在具有 HTML 編輯處的 head 標籤中直接加入 GATC 即可開始使用，例如：Blogger。(2) 外掛嵌入：有些網站不提供 HTML 編輯功能，因此只能透過安裝外掛程式來嵌入 GA，例如：痞客邦、WordPress 等。筆者以 Blogger 示範第一種程式碼嵌入方式，並且使用痞客邦示範第二種外掛嵌入方式。

(1) 程式碼嵌入 GA (Blogger)

首先至搜尋引擎鍵入「Blogger」並點選圖 2-1 框線處的搜尋結果，或者直接輸入網址 https://www.blogger.com 進入 Blogger 首頁。

圖 2-1　搜尋引擎查詢 Blogger

進入 Blogger 首頁以後，點選圖 2-2 框線處「建立網誌」並登錄 Gmail 帳戶。

圖 2-2　建立網誌

接著進入 Blogger 網誌編輯後台並點選框線①「主題」，緊接著再點選框線②「編輯 HTML」來到程式碼編輯頁面 (如圖 2-3)，請先將畫面暫時停留於此。

圖 2-3 開啟 Blogger 編輯頁面

讓我們再開啟另一個瀏覽器分頁並且進入 GA 平台，進入平台後點選框線處①「管理員」，接著在資源層下展開框線處②「追蹤資訊」並點選「追蹤程式碼」(如圖 2-4)。

圖 2-4 查看追蹤資訊

進入圖 2-5 畫面後，即可在框線處看見 gtag.js 版本的 GATC。

追蹤 ID
UA-97629332-1

狀態
過去 48 小時皆未收到任何資料。 Learn more

傳送測試流量　⑦

網站追蹤 BETA

這是此資源的全域網站代碼 (gtag.js) 追蹤程式碼。請複製這段程式碼，並在您想追蹤的每個網頁上，於 <HEAD> 中當作第一個項目貼上。如果您的網頁已安裝全域網站代碼，則只要從以下程式碼片段將 *config* 行加入您既有的全域網站代碼就行了。

```
<!-- Global Site Tag (gtag.js) - Google Analytics -->
<script async src="https://www.googletagmanager.com/gtag/js?id=UA-97629332-1"></script>
<script>
 window.dataLayer = window.dataLayer || [];
 function gtag(){dataLayer.push(arguments)};
 gtag('js', new Date());

 gtag('config', 'UA-97629332-1');
</script>
```

圖 2-5　取得 gtag.js 版本 GATC

　　若要使用 analytics.js 的 GATC，必須從圖 2-6 的其他導入方法中點選框線處的「analytics.js」超連結。進入 Analytics 說明網頁後，接著請點選圖 2-7 框線處的開發人員文件，此時我們便可以從這個開發人員文件頁面中取得 analytics.js 版本的 GATC (如圖 2-8)。請注意！目前取得的 analytics.js 版本的追蹤碼僅是範例，取用時，務必要將圖 2-8 框線處的 UA-XXXXX-Y 追蹤 ID 修改成自己的追蹤 ID。

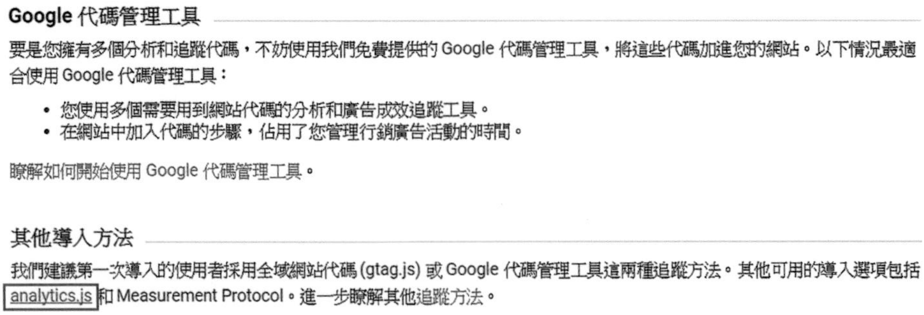

Google 代碼管理工具

要是您擁有多個分析和追蹤代碼，不妨使用我們免費提供的 Google 代碼管理工具，將這些代碼加進您的網站。以下情況最適合使用 Google 代碼管理工具：

- 您使用多個需要用到網站代碼的分析和廣告成效追蹤工具。
- 在網站中加入代碼的步驟，佔用了您管理行銷廣告活動的時間。

瞭解如何開始使用 Google 代碼管理工具。

其他導入方法

我們建議第一次導入的使用者採用全域網站代碼 (gtag.js) 或 Google 代碼管理工具這兩種追蹤方法。其他可用的導入選項包括 analytics.js 和 Measurement Protocol。進一步瞭解其他追蹤方法。

圖 2-6　取得 analytics.js 版本 GATC (1)

使用 analytics.js

針對新的導入項目，建議採用 gtag.js 程式庫做為追蹤程式碼。不過，也許在某些情況下您會比較想使用 analytics.js (例如您的網站已經採用了 analytics.js)。詳情請參閱 開發人員文件。

圖 2-7 取得 analytics.js 版本 GATC (2)

```
<!-- Google Analytics -->
<script>
(function(i,s,o,g,r,a,m){i['GoogleAnalyticsObject']=r;i[r]=i[r]||function(){
(i[r].q=i[r].q||[]).push(arguments)},i[r].l=1*new Date();a=s.createElement(o),
m=s.getElementsByTagName(o)[0];a.async=1;a.src=g;m.parentNode.insertBefore(a,m)
})(window,document,'script','https://www.google-analytics.com/analytics.js','ga');

ga('create', 'UA-XXXXX-Y' 'auto');
ga('send', 'pageview');
</script>
<!-- End Google Analytics -->
```

圖 2-8 取得 analytics.js 版本 GATC (3)

接著將瀏覽器頁籤切換回 Blogger 編輯畫面，若要嵌入 gtag.js 版本的 GATC，首先找到 HTML 程式碼的開頭，也就是 <head> 標籤 (如圖 2-9 紅框處所示)，並且將 gtag.js 版本的 GATC 放置於它的後方，然後將 GATC 中的「async」改為「async = 'async'」如藍框處所示，這是因為 Blogger 必須使用較嚴謹的方式來編譯。

```
<head>
<!-- Global Site Tag (gtag.js) - Google Analytics -->
<script async='async' src="https://www.googletagmanager.com/gtag/js?id=UA-97629332-1"></script>
<script>
  window.dataLayer = window.dataLayer || [];
  function gtag(){dataLayer.push(arguments)};
  gtag('js', new Date());

  gtag('config', 'UA-97629332-1');
</script>
```

圖 2-9 嵌入 gtag.js 版本 GATC

若要嵌入 analytics.js 版本的 GATC，首先找到 head 標籤的結尾 </head>，如圖 2-10 框線處所示，並將 GATC 放置於它之前。完成上述其中一種 GATC

的植入之後，每當有訪客造訪自己網誌時，便能夠從 GA 即時報表或是其他相關報表中觀測到流量紀錄。

```
<script>
(function(i,s,o,g,r,a,m){i['GoogleAnalyticsObject']=r;i[r]=i[r]||function(){
(i[r].q=i[r].q||[]).push(arguments)},i[r].l=1*new Date();a=s.createElement(o),
m=s.getElementsByTagName(o)[0];a.async=1;a.src=g;m.parentNode.insertBefore(a,m)
})(window,document,'script','https://www.google-analytics.com/analytics.js','ga');

ga('create', 'UA-97629332-1', 'auto');
ga('send', 'pageview');

</script>
```

```
</head>
```

圖 2-10　嵌入 analytics.js 版本 GATC

(2) 外掛嵌入 GA (痞客邦)

　　首先至搜尋引擎搜尋「痞客邦」並點選圖 2-11 框線處的搜尋結果，或是直接輸入網址 https://www.pixnet.net 進入痞客邦首頁。

圖 2-11　搜尋引擎查詢痞客邦

　　進入首頁後點選圖 2-12 箭頭處的「登入」，藉以登入事先已註冊好的痞客邦帳號。

(圖)2-12　登入痞客邦

　　登入完成後，將圖 2-13 紅色箭頭處的下拉式選單展開，並點選框線處的「我的部落格後台」。之後，點選圖 2-14 框線處的「擴充功能管理」，接著點選圖 2-15 框線處的「安裝更多擴充功能」，進入痞客邦應用市集頁面。此時請在圖 2-16 框線①中鍵入「google analytics」，並從搜尋結果中點擊框線②的「免費安裝」。

(圖)2-13　　進入部落格後台

圖 2-14　進入擴充功能管理

圖 2-15　安裝痞客邦專用之 Google Analytics 外掛程式

圖 2-16　搜尋 Google Analytics 外掛程式

　　安裝完成後請回到擴充功能管理頁面，點選圖 2-17 框線處的「設定」，這時會出現一個彈出式視窗，請暫時將此畫面停留並擱置。

圖 2-17　設定 Google Analytics 外掛程式

　　接著請再次開啟另外一個瀏覽器分頁並且進入 GA 平台後，點選圖 2-18 框線①「管理員」，展開框線②資源層下的「追蹤資訊」並點選「追蹤程式碼」。

圖2-18　查詢追蹤資訊

　　取得圖 2-19 框線處的 GA 追蹤 ID 之後，再將瀏覽器分頁切回至痞客邦 GA 設定的彈出畫面，將剛才取得的 GA 追蹤 ID 複製後貼上至圖 2-20 的框線處中，如此便完成 GA 於痞客邦的外掛嵌入。每當有訪客造訪自己的痞客邦網誌時，便能從 GA 即時報表或是其他相關報表中，觀測到流量紀錄。

圖2-19　取得追蹤 ID

圖2-20　嵌入追蹤 ID 於痞客邦

APP 場域嵌入 GATC

　　順應行動世代來臨，Google 官方於 2010 年左右強化了 GA 的功能，先後提供了 Android 及 iOS 運行環境，使得不管是在 Android 或是 iOS 平台上架 APP 的開發人員，都可以使用 GA 這項工具來從事行動流量分析。正因為如此，原本 GA 僅是一項「網站」流量分析工具，現今已演變成一項「網路」流量分析工具。

　　根據市調機構於 2016 年的數據統計指出，目前流通於市面上的 APP 中，包含了 280 萬個 Android 系統 APP 以及 200 萬個 iOS 系統 APP，相較於前一年，數量增加的幅度接近 200% 之多，而為了跟上使用者從桌機轉移到行動裝置的腳步，APP 流量分析的角色日益重要。不僅如此，行動裝置的類型也日新月異，不局限於智慧型手機或者平板電腦而已，只要任何可以下載 APP 的裝置都算是 APP 流量分析對象，例如：智慧型穿戴裝置、智慧車載裝置或者智能家居系統等。站在經營者的角度來思考，掌握使用者的指尖行為脈絡以及使用者特性，在行銷上是具有幫助的。以下就以較多人使用且相對開放的 Android 系統為例，帶領各位讀者進行 GA 嵌入 APP 的基礎操作示範。

　　首先請進入 GA 平台並且選取圖 2-21 中的框線①「管理員」，將框線②「追蹤資訊」的內容展開並點選「追蹤程式碼」。請注意！以上步驟必須在行動應用程式的帳戶下操作，也就是必須在 GA 帳戶申請畫面或是資源設定畫面新增一個行動應用程式專屬的 GA 帳戶或資源。

圖 2-21　查詢 APP 專用的追蹤資訊

取得圖 2-22 框線處的 GA 追蹤 ID，先將其複製，在後面的操作會使用到。

圖 2-22　取得 APP 專屬的追蹤 ID

接著請自 Google 官方下載行動應用程式開發平台 Android Studio (https://developer.android.com/studio/index.htmlAndroid)，安裝完成後便可開啟 Android Studio。首先將圖 2-23 框線①處選擇為「Android」，接著將框線②處「Gradle Scripts」展開，點選紅色箭頭處的「build.gradle (Module:app)」進入 APP 環境部署的編輯畫面，並於框線③處加入以下這段程式碼：

> *compile 'com.google.android.gms:play-services-analytics:9.2.0'*

開啟 GA 服務功能

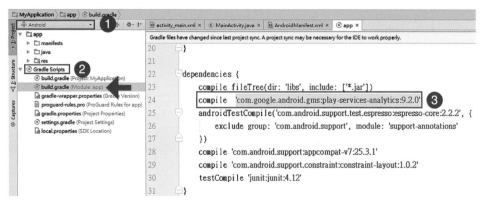

圖 2-23　開啟 GA 服務功能

接著請點選「Tools → Android → Sync Project with Gradle Files」，以便讓 Gradle 資料能夠與目前專案同步 (如圖 2-24 箭頭處所示)。

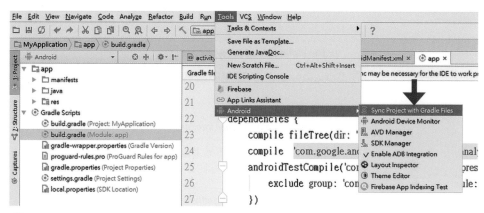

⑧2-24　Gradle 資料同步

除了上述步驟外，我們還需將圖 2-25 框線①「app」展開，並點擊「manifests」進入一個用來描述 Android 應用程式整體資訊設定檔的編輯畫面，接著在框線②加入圖 2-25 下面這兩段程式碼。

⑧2-25　設定應用程式資訊

<uses-permission android:name="android.permission.INTERNET"/>

允許 APP 具有連網功能

<uses-permission android:name="android.permission.ACCESS_NETWORK_STATE"/>

允許 APP 可以讀取網路上的訊息

完成上述步驟後,再將圖 2-26 框線①中的「java」展開後點擊「MainActivity」以便將 JAVA 主程式編輯畫面開啟,並且分別在框線②以及框線③寫入下列程式碼。

public static GoogleAnalytics analytics;

在 GoogleAnalytics 類別下命名 analytics

public static Tracker tracker;

在 Tracker 類別下命名 tracker

analytics = GoogleAnalytics.getInstance (this);

所有 analytics 的操作都隸屬在 GoogleAnalytics 這個單一類別之下

analytics.setLocalDispatchPeriod (1800);

以 1,800 秒為周期傳送資訊,訪客重複進行相同行為在 1,800 秒內不會被重複計算

tracker = analytics.newTracker ("UA-XXXXXXXX-Y");

設定 tracker 追蹤的目標,請將此處 UA-XXXXX-Y 替換成如圖 2-22 中的追蹤 ID。

tracker.enableExceptionReporting (true);

開啟 tracker 追蹤 GA 異常狀況

tracker.enableAdvertisingIdCollection (true);

開啟 tracker 追蹤廣告資訊

tracker.enableAutoActivityTracking (true);

開啟 tracker 自動追蹤訪客頁面瀏覽資料

圖2-26　設定 JAVA 主程式

　　若出現圖 2-26 框線①中的紅色錯誤底線，代表尚未匯入「GoogleAnalytics」以及「Tracker」兩個類別，此時將游標移至圖 2-27 框線處，並使用快捷鍵「Alt + Enter」完成自動匯入類別的操作。

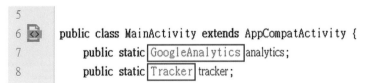

圖2-27　使用快捷鍵匯入類別

　　完成類別的匯入後，系統會在圖 2-28 框線處自動新增兩行程式碼。

```
3        import android.support.v7.app.AppCompatActivity;
4        import android.os.Bundle;
5
6        import com.google.android.gms.analytics.GoogleAnalytics;
7        import com.google.android.gms.analytics.Tracker;
```

圖2-28　完成類別匯入

接著點選「Tools → Android → SDK Manager」，如圖 2-29 箭頭處所示，開啟 SDK 套件管理員。

圖 2-29　開啟 SDK 套件管理員

選取圖 2-30 紅框處「SDK Tools」並將紅色箭頭處的套件勾選，再點選藍框處「Apply」將其套用。

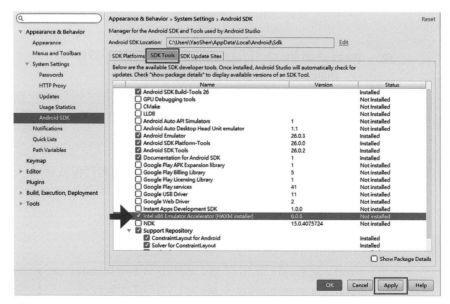

圖 2-30　套用 SDK Tools

接著選取圖 2-31 紅框處「SDK Platforms」並將紅色箭頭處的「Android 6.0」套件勾選，再點選藍框處「Apply」將其套用。

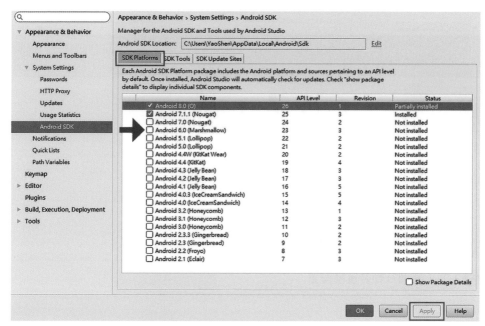

圖 2-31　套用 SDK Platforms

最後一個步驟則是點選圖 2-32 箭頭處「Tools → Android → AVD Manager」，開啟行動裝置模擬器的管理頁面。

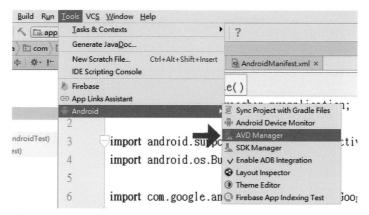

圖 2-32　開啟 AVD 管理員

進入行動裝置模擬器管理頁面之後，請點選圖 2-33 框線處「Create Virtual Device」創建一個新的行動裝置模擬器。

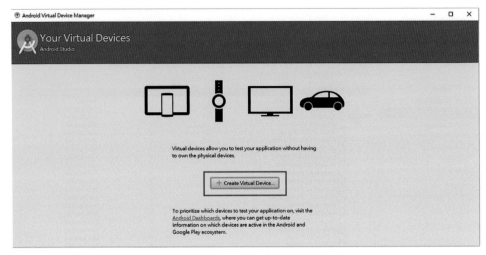

圖 2-33　新增行動裝置模擬器

接著請選取圖 2-34 紅框處的「Phone」將行動裝置類別設定為手機，並且選取紅色箭頭處的「Nexus 5X」手機型號名稱，再點選藍框處的「Next」進行下一步操作。

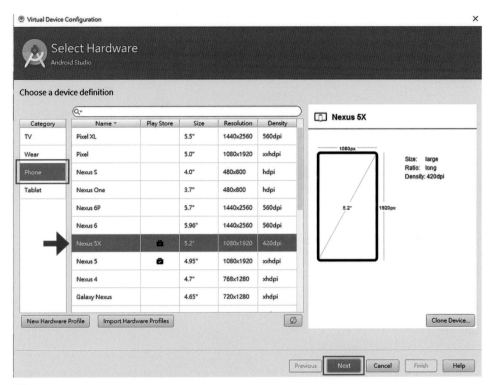

（圖）2-34　設定行動裝置模擬器

請在圖 2-35 紅框處點選「x86 Images」並選取紅色箭頭處的「Marshmallow」，最後再點選藍框處「Next」。

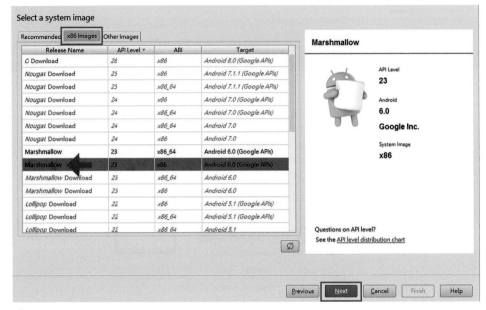

（圖）2-35 設定 AVD 版本

在圖 2-36 紅框處設定行動裝置模擬器名稱，並在綠框處設定行動裝置的畫面屬性 (水平或是垂直方向)，設定完成後點選藍框處「Finish」。

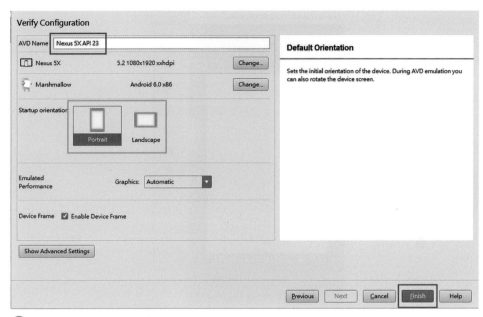

圖 2-36　設定 AVD 名稱

完成上述行動裝置模擬器設置後，便可點選圖 2-37 框線處的播放鍵，如此就可啟動行動裝置模擬器 (如圖 2-38)。

Type	Name	Play Store	Resolution	API	Target	CPU/ABI	Size on Disk	Actions
	Nexus 5X API 23		1080 × 1920: 420dpi	23	Android 6.0 (Google APIs)	x86	2 GB	▷ ✎ ▾

圖 2-37　開啟行動裝置模擬器 AVD

圖2-38　行動裝置模擬器成功開啟畫面

　　此時請在行動裝置模擬器開啟的情況下進入 GA 平台,並且展開圖 2-39 紅框處「即時」→「總覽」查看藍框處即時報表所產生的流量。此時若自己在畫面中藍框處看見至少一位活躍使用者,且該位使用者是以行動裝置來參訪 APP,就表示在 APP 中嵌入 GA 的一連串工作大功告成。

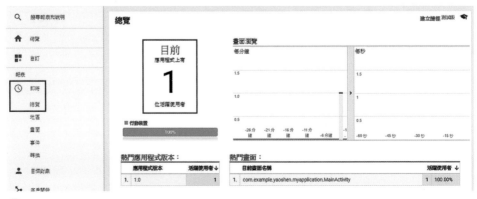

圖2-39　即時報表查看行動裝置流量

其他可連網情境場域

GA 除了可以被用來捕捉桌機上網行為以及 APP 使用行為之外，另外還有一項較容易受人們忽視但涵蓋範圍其實更廣的應用場域，那就是「其他可連網情境」。顧名思義，排除上述兩種 GA 應用情境，其他連網情境都可歸納在此類別中，像是連網冷氣機、連網投影機、Kiosk 自助服務機等等。不過讓我們回想一下，GA 追蹤網頁行為是透過 Cookie 來完成，追蹤行動 APP 是透過追蹤 ID 來完成，那麼在沒有 Cookie 也沒有 SDK 情境下，GA 要如何蒐集數據呢？這時就要使用量測協定 (Measurement Protocol) 的方式來追蹤數據，它的主要用途是使可連網情境直接與 Google 伺服器溝通而無需再透過任何媒介，實現跨情境的行為追蹤。

便利商店常見的 Kiosk 自助服務機就是一個很好的例子，它具有連網功能，可以訂購演唱會的票、繳交停車費或者列印文件，這些服務扮演著我們生活中重要的幫手，然而 Kiosk 自助服務機的操作介面既不是一個網頁，也不是一個 APP，若要追蹤 Kiosk 的使用者操作行為，就可以透過量測協定來實現。

不過在使用量測協定時，並不像 GA 追蹤網頁或者 APP 一樣只需把一組固定格式的程式碼嵌入至對應場域中，即可自動從 GA 平台產出大量行為數據，而是必須以「一個使用者動作」為單位手動嵌入程式碼，例如：一個觀看行為、一個點擊行為或者一個轉換行為。接下來，筆者示範以量測協定來追蹤 E-mail 信件開啟行為。

在實際進行操作之前，讓我們先來確認「E-mail 信件開啟行為追蹤」的情境適合使用量測協定來達成：(1) E-mail 是一個可連網情境；(2) 此情境非網頁也非 APP；(3) 僅追蹤「是否開信」的單一使用者動作。確認無誤後，接著請開啟 Gmail 撰寫新郵件畫面，將收件人設定為自己之後，在信件內容處任意輸入若干內容，完成後請點擊圖 2-40 框線處插入圖片符號。

圖2-40　其他可連網情境追蹤 E-mail Tracking (1)

接著請點選圖 2-41 紅框①「網址」，把量測協定的程式碼放入藍色框線內，其後點選紅框②「插入」，最後再將信件傳送出去。

> *http://www.google-analytics.com/collect?*
> 呼叫 Google 量測協定所使用的專屬網址

> *v = 1&tid = UA-XXXXXXXX-Y&cid = 曾瀚平 &t = event&ec = 測試文件&ea = 開啟*

圖2-41　其他可連網情境追蹤 E-mail Tracking (2)

圖 2-41 程式碼解說如下：

v：GA 版本號，目前版本值為 1，也許當 GA 更新後，會有所更動。

tid (tracking ID)：GA 追蹤 ID，由 GA 管理員資源層 → 追蹤資訊 → 追蹤程式碼中取得，請務必替換成自己的追蹤 ID。

cid (customer ID)：GA 客戶編號，用來辨識收件者的 ID，此參數值可為數字或文字。

t：追蹤的型式，在此以追蹤「事件」為例。

ec (event category)：事件類別，觸發事件發生的類別名稱。

ea (event action)：事件動作，觸發事件發生的動作名稱。

完成上述設置步驟後，即可到 Gmail 畫面開啟收到的來信，並將瀏覽器畫面切換至 GA 平台，點選圖 2-42 框線①「即時」，再點選框線②「事件」，便可在框線③查看即時報表的數據，若有流量產生，代表成功記錄到事件的觸發，也就是信件的開啟動作。

圖 2-42 其他可連網情境追蹤 E-mail Tracking (3)

除了即時報表之外，也可以點選圖 2-43 框線①「目標對象」，再點選框線②「使用者多層檢視」，即可於紅色箭頭處查看信件收件者的具體行為操作。

圖 2-43　其他可連網情境追蹤 E-mail Tracking (4)

　　相信各位在實際操作過上述 E-mail 行為追蹤後，對於量測協定有更深的認識。然而並非每一個「可連網情境」皆可透過嵌入程式碼的方式來實現行為數據捕捉，尤其是要提取硬體設備的使用行為時 (如智能咖啡機)，必須採用另外一種方法。但首先我們必須理解的是，GA 在追蹤其他可連網情境下的數據時都必須遵守一項條件，那就是 GA 伺服器僅能接收及處理符合量測協定的有效數據 (Payload Data)，所以若要提取硬體設備中的使用者行為，必須先請程式設計師撰寫能夠提取該硬體原始數據的應用程式，接著將這些原始數據轉換成符合量測協定的有效數據，儲存於應用程式後，再將應用程式中的有效數據透過 HTTP Request 傳送給 GA 伺服器進行處理，最後 GA 伺服器就會回傳一組回應碼給應用程式以表示數據蒐集成功，如此一來就可以追蹤使用者於硬體設備上的使用行為，操作流程如圖 2-44 所示。

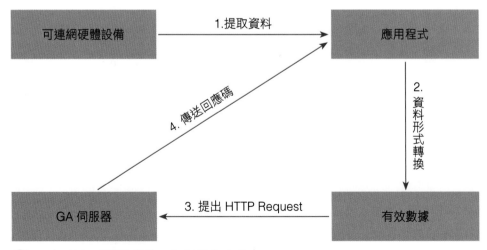

圖 2-44　提取硬體設備使用行為操作流程

GATC 如何解讀？

從本章可以學到

- 解讀 analytics.js 版本的 GATC
- 解讀 gtag.js 版本的 GATC
- 認識 JAVA 同步技術以及非同步技術

解讀 analytics.js 版本的 GATC

GATC 主要有兩種版本，分別為 analytics.js 以及 gtag.js，雖然它們扮演的角色皆為「GA 伺服器」以及「側錄網站或 APP」的橋梁，不過這兩種版本之間仍存在著些許差異。平常我們使用 GATC 往往是直接複製取用，卻很少去理解程式碼中包含了哪些元素，今天就來釐清一下 GATC 當中到底隱含了多少祕密。

圖 3-1 為 analytics.js 版本的 GATC，為了方便各位讀者讀懂這段程式碼的意思，筆者將它分為三個部分，分別用紅框、藍框以及綠框表示。

```
<script>
(function(i,s,o,g,r,a,m){i['GoogleAnalyticsObject']=r;i[r]=i[r]||function(){
(i[r].q=i[r].q||[]).push(arguments)},i[r].l=1*new Date();a=s.createElement(o),
m=s.getElementsByTagName(o)[0];a.async=1;a.src=g;m.parentNode.insertBefore(a,m)
})(window,document,'script','https://www.google-analytics.com/analytics.js','ga');

ga('create', 'UA-97629332-1', 'auto');
ga('send', 'pageview');

</script>
```

圖 3-1　analytics.js 版本的 GATC

(1) 紅框部分 (函式庫)

載入儲存於「https://www.google-analytics.com/analytics.js」位置的外部資料，讀者不妨試著連結至這段網址，會發現裡頭充斥著密密麻麻的程式碼，這就是 analytics.js 的函式庫。因此透過程式下達命令所使用的「ga ( )」函數，就是用來呼叫 analytics.js 函式庫的內容。由於程式碼的讀取具有順序性，因此紅框處的程式碼會放置於 GATC 的開頭，這將使得在它下方的程式碼呼叫 ga ( ) 函數時能夠對應至 analytics.js 函式庫的內容。另外，在紅框內的箭頭處有一行「async = 1」，代表 GA 是使用 JavaScript 非同步技術 (asynchronous) 進行程式碼處理。所謂非同步技術，是指它能夠同時處理多項指令，例如：現今有 ABC 三項指令，非同步技術不會按順序的將 A 指令處理完畢才開始處理 B 指令，相對於同步技術等待 A 指令完全被處理才開始處理 B 指令的做法，處理效率高出了許多，因此當訪客來到一個已嵌入 GATC 的網站時，並不會感到網站讀取速度遲鈍而令人厭煩。

(2) 藍框部分 (追蹤器)

在此 ga ( ) 函式中使用了「create」命令建立一個追蹤器，並且告知 GA 伺服器必須根據追蹤器上特定的追蹤 ID「UA-XXXXXXXX-Y」回傳數據至對應的資源層中。中間八個數字位元具有唯一性，因此不可能出現重複情況，而橫線後方的一至兩個數字位元代表資源層的數目，GA 帳戶下的第一個資源記為 UA-XXXXXXXX-1，第五十個資源就記為 UA-XXXXXXXX-50，以此類推。若使用免付費版本的 GA，一個帳戶下有 50 個資源的使用額度。

至於「auto」所代表的意思為 GA 採用自動模式來分配 Cookie，而所謂自動模式指的是讓所有嵌入同一組 GATC 的網頁共用一個 Cookie 來記錄訪客行為。由於 GA 是透過 Cookie 辨識新舊使用者，所以這種「auto」的做法會使得訪客發生切換網域瀏覽行為時，流量不被重複計算，如此一來便能減少流量分析誤差。

(3) 綠框部分 (發送)

在此 ga ( ) 函式中首先使用了「send」命令將追蹤器得到的數據回傳至指定資源層，此外「pageview」代表每觸發一次 GATC 則回傳一筆瀏覽量至 GA 報表，因此瀏覽量等於 GATC 被觸發次數。

解讀 gtag.js 版本的 GATC

圖 3-2 為 gtag.js 版本的 GATC，與 analytics.js 相比程式碼精簡了許多，雖然在功能上差異不大，但透過程式碼下達命令的方式變得更為淺顯易懂。以下也同樣將其分為紅框、藍框、綠框三個部分個別說明。

```
<!-- Global Site Tag (gtag.js) - Google Analytics -->
<script async src="https://www.googletagmanager.com/gtag/js?id=UA-104196669-1"></script>
<script>
window.dataLayer = window.dataLayer || [];
function gtag(){dataLayer.push(arguments)};
gtag('js', new Date());

gtag('config', 'UA-104196669-1');
</script>
```

圖 3-2　gtag.js 版本的 GATC

(1) 紅框部分 (函式庫)

紅框處「https://www.googletagmanager.com/gtag/js」這段網址是 gtag.js 的函式庫所在，而跟在這段網址之後的 id 參數即是追蹤 ID，一旦填入特定追蹤 ID 後，就可以在其對應的資源層下使用 gtag.js 版本 GATC 的各種函式。

(2) 藍框部分 (數據暫存)

藍框處的程式碼用來表示數據暫存的過程。「dataLayer」是一個能夠存放各種網站行為數據的空間，透過「dataLayer.push ( )」函式就能夠將數據提取至 dataLayer 暫存，其中「arguments」是一個存在於 gtag.js 函式庫中的變數。另外，在這段程式碼中還透過了 gtag ( ) 函式截取數據產生的時間點。

(3) 綠框部分 (發送)

綠框處透過 gtag ( ) 函數的「config」命令，將存放於 dataLayer 的數據依照追蹤 ID，傳回特定資源並呈現於報表。

經由上述的內容，想必各位讀者對於 analytics.js 以及 gtag.js 兩種版本的 GATC 有了更深入的了解。不過為何 Google 官方會推出新版本的 gtag.js 呢？原因在於 Google Analytics 時常會搭配 Google AdWords 使用，這兩種工具都有各自的追蹤程式碼，而 Google 推出 gtag.js 版本的 GATC 可直接與 Google AdWords 的追蹤程式碼合併成為同一組程式碼，這將使得分析者更容易管理程式碼。然而本書內容將會著重在 GA 部分，因此 Google AdWords 的概念及操作將予以省略。

如何讓多組 GATC 植入同一個網站？

- 安裝多組 GATC 的用意
- 安裝多組 analytics.js 版本的 GATC
- 安裝多組 gtag.js 版本的 GATC

為何要添加多組 GATC？

在 GA 中有些功能會被限制使用額度，例如：目標追蹤、自訂維度及自訂指標，這些實用功能皆僅有 20 個額度可以使用，對於大型網站而言，20 個額度可能一下子就會被用完，因此是否有方法可以增加這些功能的使用額度呢？答案是肯定的。在這裡提供兩種解決方式，第一種方式是購買付費版本 GA，這時就不會有使用額度限制，不過售價不菲，通常只有大型企業才會考慮購買。此時不妨考慮第二種方式，就是安裝多組 GATC 至同一個網頁編輯後台內。

一個網站是可以被多組 GATC 同時追蹤的，若在同一個網站內植入多組 GATC，則上述所提到的使用限額就可以倍數增長。很多人會認為只要把兩組 GATC 一上一下的放置在網頁編輯後台內，就可以一次以兩組 GATC 追蹤同一個網頁，不過實際上並非如此。這種情況下，只有放置在比較上方的那組 GATC，才蒐集得到流量。若要讓一個網頁同時可以被兩組 GATC 追蹤，對於 analytics.js 版本而言需要添加「追蹤器」，祕訣 3. 的內容已經介紹過 analyitcs.js 版本的 GATC 是由三大部分所組成，分別為函式庫、追蹤器以及發送，因此在嵌入第一組 GATC 時，就已經包含了函式庫，加入第二組 GATC 時，就不

需重複加入，而只需添加追蹤器。不過，若換成是 gtag.js 版本的 GATC 其做法就截然不同了，因為對於 gtag.js 版本的 GATC 而言，沒有追蹤器概念，而是直接透過「config」命令來新增第二組 GATC 即可。接下來，就為各位讀者示範如何在已安裝一組 GATC 的網頁中，再安裝第二組 GATC。

取得第二組 GATC

首先進入 GA 平台管理員，將資源下拉式選單展開後點選「新建資源」，如圖 4-1 框線處所示。

圖 4-1　新建資源

進入圖 4-2 畫面後，選取「網頁」做為追蹤標的後點選「繼續」。接續將圖 4-3 中的「網站名稱」、「網站網址」、「產業類別」、「報表時區」進行設置。這部分與祕訣 2. 的設定方式完全相同。不過要注意的是，此處「網站網址」設定必須與最初資源中的設定相同，因為此操作的目標是要讓不同的資源追蹤同一個網站(或網址)，完成後點選箭頭處的「建立」。

建立資源

① 您想進行什麼評估？

網頁
評估您的網站
• 瞭解您的使用者來自何方，並將數據轉換成深入分析資料
• 分析使用者行為並針對您的商家進行最佳化
• 運用成效和轉換分析來探索趨勢

應用服務
評估您的 iOS 或 Android 應用程式
• 瞭解使用者成長情形並取得應用程式行為深入分析資料
• 自動擷取重要事件或自行定義需要的事件
• 近期內將會新增網頁串流，用以評估跨平台行為 BETA 版

（圖）4-2　選取追蹤標的

資源詳情

網站名稱

我的新網站

這是必填欄位。

網站網址

http:// ▼　範例：http://www.mywebsite.com

產業類別

請選取一個 ▼

報表時區

台灣 ▼　(GMT+08:00) 台灣時間

建立　　取消

（圖）4-3　設定資源詳情

當點擊「建立」按鈕後會出現如圖 4-4 的畫面，如此便可取得框線處第二組的追蹤 ID。

圖 4-4　取得第二組追蹤 ID

安裝多組 analytics.js 版本的 GATC

進入 HTML 網頁編輯後台後找到原本就已嵌入好的第一組 analytis.js 版本 GATC，接著依照圖 4-5 框線處所示，再嵌入下列兩行程式碼以建立追蹤器，並且使得它能夠依據第二組的追蹤 ID 回傳數據至對應的資源。在以下範例中，筆者使用「hanpingTracker」做為新的追蹤器名稱，當一切步驟都設置完畢後，便能在同一個網頁或網站中植入兩組 analytis.js 版本的 GATC。

```
ga ('create', 'UA-XXXXXXXX-Y', 'auto', '追蹤器名稱');
```
建立新的追蹤器並給予命名

```
ga ('追蹤器名稱.send', 'pageview');
```
告知特定追蹤器回傳 pageview 頁次型態的數據

```
<script>
  (function(i,s,o,g,r,a,m){i['GoogleAnalyticsObject']=r;i[r]=i[r]||function(){
  (i[r].q=i[r].q||[]).push(arguments)},i[r].l=1*new Date();a=s.createElement(o),
  m=s.getElementsByTagName(o)[0];a.async=1;a.src=g;m.parentNode.insertBefore(a,m)
  })(window,document,'script','https://www.google-analytics.com/analytics.js','ga');

  ga('create', 'UA-106824532-1', 'auto');
  ga('create', 'UA-106824532-2', 'auto','hanpingTracker');

  ga('send', 'pageview');
```

圖 4-5　網頁中植入第二組 GATC (analytics.js 版本)

安裝多組 gtag.js 版本的 GATC

　　若是使用 gtag.js 版本的 GATC，可直接在圖 4-6 框線處嵌入下列程式碼。透過「config」命令使得 GA 能夠根據第二組追蹤 ID 回傳數據至對應資源。

gtag ('config' , 'UA-XXXXXXX-Y');

將數據回傳至特定資源

```
<!-- Global Site Tag (gtag.js) - Google Analytics -->
<script async src="https://www.googletagmanager.com/gtag/js?id=UA-106824532-2"></script>
<script>
  window.dataLayer = window.dataLayer || [];
  function gtag(){dataLayer.push(arguments)};
  gtag('js', new Date());

  gtag('config', 'UA-106824532-1');
  gtag('config', 'UA-106824532-2');
</script>
```

圖 4-6　網頁中植入第二組 GATC (gtag.js 版本)

　　為確認流量能夠同時在兩個資源中產生，筆者將兩個 GA 資源各自的即時報表開啟，以利於對照 (如圖 4-7 框線處所示)，其中左側為第一組 GATC 所捕捉到的流量，而右側為第二組 GATC 所捕捉到的流量，這兩筆看似不同的流量，在本質上是屬於同一筆流量。

圖 4-7　兩組 GATC 即時報表對照

如何確認 GATC 是否正常運作？

確認 GATC 正常運作的方式

在網頁中完成 GATC 安裝以後，接下來首要之務就是確保 GATC 能夠正常運作。首先，為各位介紹兩種較為目的導向的測試方式，純粹拿來確認 GATC 安裝是否正確：(1) 第一種方法就是在開啟側錄網站的過程前往 GA 即時報表檢視流量，因為即時報表能夠在 GATC 被觸發的短時間內就給予流量報表回應。(2) 第二種方法則是利用 GA Check 工具，藉由讀取側錄網站的網址即可快速幫你確認 GATC 安裝情況。

若想要了解更多有關於 GA 伺服器與側錄網站之間的互動情形以及數據傳輸過程，可以另外參考以下三種方式：(1) 如果對於程式碼具有高度熱情的讀者，可以試著更改 GATC 內容，使得 GA 詳細資訊能夠直接在網頁控制台中檢視。(2) 若不想接觸程式碼，還有另外一種方法，透過安裝外掛程式「Google Analytics Debugger」也可以達成相同效果。(3) 最後還有一項對於 GA 操作很實用的工具，叫做 Tag Assistant，它也同樣是個外掛程式，且確實就像是一

個稱職助理般，不僅具有檢查 GATC 的功能，還可以幫你完成許多其他標籤項目的檢測。以下將為各位深入介紹上述五種確認 GATC 運作正常與否的方式。

GA 即時報表

如前面內容所述，查看 GA 即時報表是確認 GATC 是否正常運作的快速方法，顧名思義，這個報表中所記錄的數據都是即時狀態下產生的，因此可展開圖 5-1 框線處的「即時」並點選「總覽」，一般而言會在 GATC 被觸發後的 10 秒之內產生流量報表。在此建議將側錄網站以及 GA 平台放置於同一層畫面觀察，若能夠成功產生流量於即時報表上，即表示 GATC 正常運作。

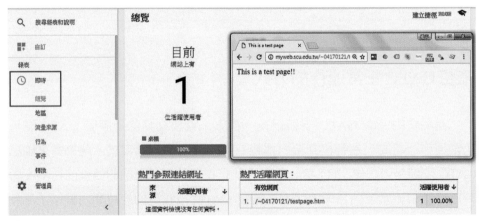

圖 5-1　以 GA 即時報表檢測 GATC 是否正常運作

GA Check 工具 (僅限於 analytics.js 版本的 GATC)

GA Check 是一項由 HALL 網路行銷公司所開發出來的工具，它的主要功能就是確認側錄網站是否正確安裝 GATC，讀者可以進入「http://www. gacheck.com」使用該項工具。操作方式非常簡單，只需要把側錄網站的網址

貼到搜尋框內即可幫你進行檢視。一旦成功完成檢視，就會出現「Congrats!」字樣，並會在下方顯示該側錄網站的 GA 追蹤編號，不過這種方式僅能夠檢視 analytics.js 版本的 GATC 是否正常運作 (如圖 5-2)。

圖 5-2　以 GA Check 檢測 GATC 是否正常運作

GA Debug 程式碼 (僅限於 analytics.js 版本)

透過更改 analytics.js 版本的 GATC 內容，就可以從網頁控制台獲取 GA 基本資料，並從中得知 GATC 是否正常運作。如圖 5-3 框線處的程式碼所示，請將原本 GATC 函式庫網址「https://www.google-analytics.com/analytics.js」，替換為具有 debug 功能版本的函式庫網址「https://www.google-analytics.com/analytics_debug.js」。

```
7  <script>
8    (function(i,s,o,g,r,a,m){i['GoogleAnalyticsObject']=r;i[r]=i[r]||function(){
9    (i[r].q=i[r].q||[]).push(arguments)},i[r].l=1*new Date();a=s.createElement(o),
10   m=s.getElementsByTagName(o)[0];a.async=1;a.src=g;m.parentNode.insertBefore(a.m)
11   })(window,document,'script','https://www.google-analytics.com/analytics_debug.js','ga');
12
13   ga('create', 'UA-93110821-1', 'auto');
14
15   ga('send', 'pageview');
16
17 </script>
```

圖 5-3　以 GA Debug 程式碼檢測 GATC 是否正常運作 (1)

接著開啟側錄網站的其中一個網頁，並按一下鍵盤上「F12」按鍵，此時 Chrome 瀏覽器會出現圖 5-4 畫面。點選框線①處「Console」即會出現網頁控制台畫面，從圖中可以得知，控制台會把 GATC 每一行程式碼運作的順序與過程都列出來，且每一行開頭都顯示了一個倒過來的藍色驚嘆號，這表示控制台正常顯示資訊，也就是無錯誤訊息產生，此時即可驗證 GATC 是成功安裝的。除此之外，從右方框線②處可得知，我們目前所使用的函式庫是來自於 analytics debug.js 之變形版本。

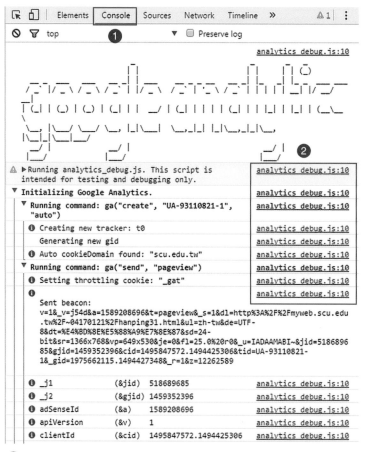

圖 5-4　以 GA Debug 程式碼檢測 GATC 是否正常運作 (2)

GA Debugger 外掛程式 (僅限於 analytics.js 版本)

GA Debugger 顧名思義，它是另一項幫助 GA 進行 debug 的外掛程式，我們可以透過 Chrome 的擴充功能快速的將其安裝。藉由 GA Debugger 的協助，我們可以在不去修改程式碼的基礎下，在網頁控制台檢視 GA 基本資料，詳細操作方式如下。

首先開啟一個 Chrome 網頁，點擊圖 5-5 框線處的「自訂及管理 (畫面右上角三個點) → 更多工具 → 擴充功能」。

圖 5-5　以 GA Debugger 檢測 GATC 是否正常運作 (1)

開啟擴充功能畫面後，點選圖 5-6 框線處的選單並點選圖 5-7 框線處的「開啟Chrome線上應用程式商店」。

圖5-6　以 GA Debugger 檢測 GATC 是否正常運作 (2)

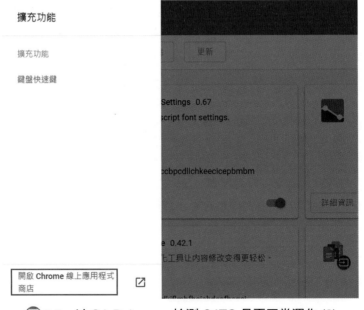

圖5-7　以 GA Debugger 檢測 GATC 是否正常運作 (3)

在圖 5-8 框線①處的搜尋框輸入「GA debugger」，接著再點選框線②處將 GA 官方所開發之 Google Analytics Debugger「+加到 Chorme」。

📷5-8　以 GA Debugger 檢測 GATC 是否正常運作 (4)

成功加入後，在網頁的右上方即會出現一個 GA Debugger 圖標，如圖 5-9 框線處所示。此時回到側錄網頁，點擊鍵盤的F12鍵，並在畫面上方選取「GA Debugger」項目 (如圖5-10框線處所示)。接著在圖5-11中點選框線處的紅色「錄製」按鈕後，重新整理側錄網頁，此時GA Debugger就會錄製側錄網頁被讀取的過程，判別是否有GATC的存在。一旦偵測到GATC被正確地安裝，畫面會如圖5-12框線處所示，顯示出目前側錄網頁的追蹤ID。

📷5-9　以 GA Debugger 檢測 GATC 是否正常運作 (5)

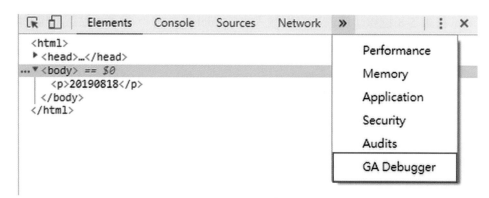

圖5-10 以 GA Debugger 檢測 GATC 是否正常運作 (6)

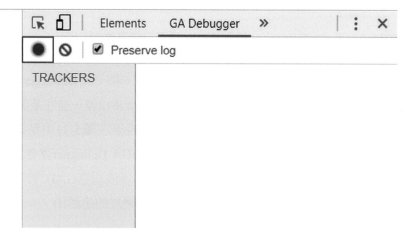

圖5-11 以 GA Debugger 檢測 GATC 是否正常運作 (7)

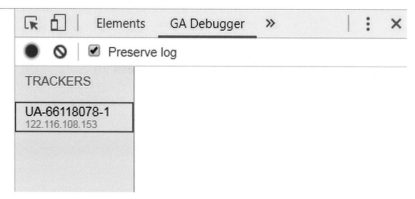

圖5-12 以 GA Debugger 檢測 GATC 是否正常運作 (8)

Tag Assistant 外掛程式

Tag Assistant 是由 Google 官方所開發的外掛程式，它的主要功能為辨識各種Google 標籤是否正確安裝，因此 GATC 的安裝確認工作自然也包含在其中。詳細操作過程如下。

同樣進入 Chrome 線上應用程式商店，如圖 5-13 所示，並於框線①的搜尋框中搜尋「Tag Assistant」，接著點選框線②「+加到 CHROME」以完成外掛程式安裝。

圖5-13　以 Tag Assistant 檢測 GATC 是否正常運作 (1)

回到側錄網站點選圖 5-14 紅色箭頭處 Tag Assistant 圖標，這時可以看到 Tag Assistant 能夠檢查的 Google Tag 標籤種類，請讀者確認已有勾選框線①處的「Google Analytics」選項，最後按下框線②處的「Done」。

圖5-14　以 Tag Assistant 檢測 GATC 是否正常運作 (2)

接著請點選圖 5-15 框線處「Enable」，使其開始記錄網頁活動，不過此時還不會有資料產生，必須先將側錄網頁重新整理，以便模仿訪客真實進站情境，如此 Tag Assistant 才有辦法捕捉到流量，也才有辦法協助檢測 GATC。

圖 5-15　以 Tag Assistant 檢測 GATC 是否正常運作 (3)

若是要檢查 analytics.js 版本的 GATC 嵌入狀況 (如圖 5-16)，嵌入成功後箭頭處的圖標會呈現綠色，而數字部分呈現「1」的標記數量，表示有 1 個 GATC 是正常運作的。此外，框線處亦會顯示目前 Tag Assistant 所檢測到的 GATC 資源項目，也就是 analytics.js。

Google Tag Assistant

Result of Tag Analysis   1 In total

1. Google Analytics
   UA-93110821-1

Disable   Record   VIEW RECORDINGS

圖 5-16　以 Tag Assistant 檢測 GATC 是否正常運作 (4)

　　若是要檢查 gtag.js 版本的 GATC 嵌入狀況 (如圖 5-17 所示)，嵌入成功後，箭頭處的 Tag Assistant 圖標會呈現藍色，數字部分呈現「2」的標記數量，表示當下檢測到 2 個正常運作的 GATC。也正因為如此，框線處就會呈現兩個標記結果，分別為綠色 gtag.js 以及藍色 analytics.js。

圖5-17 以 Tag Assistant 檢測 GATC 是否正常運作 (5)

　　若想要觀察更詳細的資訊，可以點擊被 Tag Assistant 偵測到的標籤 (如圖5-18)。點擊後，裡頭會出現三個項目分別為元數據 (Metadata)、代碼片段 (Code Snippet) 以及小型文字檔案 (Cookies)。元數據所指為解釋數據的數據，因此這裡的元數據用途為解釋 GATC 詳情，其中包含追蹤編號、代碼類型以及 GA 版本號等資訊。而代碼片段指的是被 Tag Assistant 偵測到的 GATC，至於小型文字檔案則是顯示該側錄網站訪客行為的 Cookie 運作。

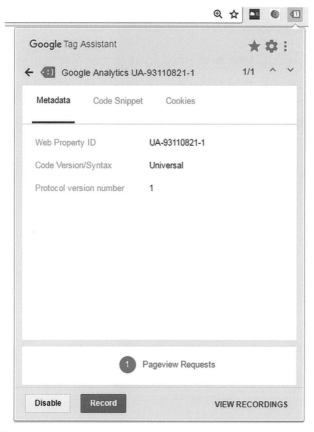

 5-18　以 Tag Assistant 檢測 GATC 是否正常運作 (6)

Tag Assistant 圖標介紹

　　藉由觀察 Tag Assistant 圖標變化，我們可以從中得知目前標籤被嵌入的狀態，以下整理了五種情況：

1. 綠色圖標 +Google 標籤數量：代表 Google 標籤安裝成功。
2. 僅藍色圖標：尚未啟動 Tag Assistant 或者該網頁未添加任何 Google 標籤。

3. 藍色圖標 +Google 標籤數量：已找到 Google 標籤，但官方有更好的標籤安裝建議。

4. 黃色圖標 +Google 標籤數量：Google 標籤安裝有輕微錯誤。

5. 紅色圖標 +Google 標籤數量：Google 標籤安裝有嚴重錯誤。

若出現錯誤情形，Tag Assistant 也會給予錯誤詳情的修改提示。

如何設定 GATC 網站速度採樣率 & 網站速度的重要性？

從本章可以學到

- 認識網站速度採樣率
- 網站速度的結構
- GA 網站速度採樣率的設定
- 網站速度的檢測
- 影響網站速度的因素

關於網站速度採樣率

「網站速度」是一項從事搜尋引擎最佳化 (Search Engine Optimization, SEO) 的重要參考指標，也是一個網站經營者相當在意的項目之一，倘若網站讀取速度過慢，就會讓訪客流失，並造成跳出率增加。很幸運的，我們可以透過 GA 報表來檢視網站速度，它的所在位置為：行為 → 網站速度 → 總覽，如圖 6-1 框線處所示。

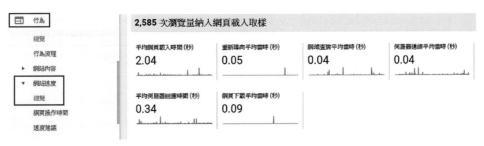

圖 6-1 網站速度報表

一般而言，GATC 本身就具有蒐集網站速度資料的能力，不過在預設情況下，GA 只會從所有曾經造訪過網站的訪客中抽出 1% 參訪資料做為計算網頁速度的依據。對於大型網頁來說，抽樣 1% 數據量也許就頗為可觀，且值得成為有用的樣本數據。不過對於中小型網站而言，受限於流量相對不足之故，若從不足流量中再抽取 1% 的數據量，將導致參考價值偏低。以上所提到的百分比就是「網站速度採樣率」，也就是從所有訪客中挑出來進行網站速度分析的流量比例。修改 GA 網站速度採樣率之原因在於每一個網站規模不同，因此所產生的流量也不盡相同，為了達到最具可用性的樣本數量，我們必須進行調整。

網站速度採樣率設定

若是使用 analytics.js 版本的 GATC，只要在圖 6-2 框線處加入一段程式碼即可完成設定。以下方程式碼為例，筆者將「UA-93110821-1」資源的速度採樣率設定為 50%，也就是使 GA 在計算網頁速度時是依據母體流量的抽樣 50% 流量為依據。至於要如何在 gtag.js 版本的 GATC 設定網站速度採樣率，目前官方尚未公布。

> *ga ('create ', 'UA-XXXXXXXX-Y ', 'auto ',{ 'siteSpeedSampleRate '：數字});*

針對特定資源設定網站速度採樣率

```
7  <script>
8  (function(i,s,o,g,r,a,m){i['GoogleAnalyticsObject']=r;i[r]=i[r]||function(){
9  (i[r].q=i[r].q||[]).push(arguments)},i[r].l=1*new Date();a=s.createElement(o),
10 m=s.getElementsByTagName(o)[0];a.async=1;a.src=g;m.parentNode.insertBefore(a,m)
11 })(window,document,'script','https://www.google-analytics.com/analytics.js','ga');
12
13 ga('create', 'UA-93110821-1', 'auto',{'siteSpeedSampleRate': 50});
14
15 ga('send', 'pageview');
16
17 </script>
```

圖 6-2　網站速度採樣率追蹤碼 (analytics.js)

網站讀取速度的組成

　　雖然我們已經完成網站速度採樣率的設定，但你可知道，網站讀取速度是如何計算的嗎？接下來，就讓我們釐清一個網站被讀取的過程。根據 W3C 全球資訊網站協會所提供的解釋，網站讀取速度可以分為五個部分，分別為網頁重新導向時間 (Redirection Time)、網域查找時間 (Domain Lookup Time)、伺服器連線時間 (Server Connection Time)、伺服器回應時間 (Server Response Time)、文件讀取時間 (Page Download Time) 等，如圖 6-3 所示。

　　網頁讀取時間

圖 6-3　網站速度讀取組成

(1) 網頁重新導向時間

　　這段時間指的是網站進行重新導向所需耗費的時間，是一個網站被讀取時經歷的第一階段。就像我們要駕車前往某個目的地前，開啟導航系統一樣，要先確認能夠在導航系統中找到該目的地，才能繼續進行下一個步驟。若尋找不到目的地，就會出現錯誤，如同在網頁世界中出現「HTTP 404」字樣的網頁錯誤畫面，即代表著網頁在讀取過程中，網頁重新導向環節出現了問題。

(2) 網域查找時間

　　網域查找時間又稱為 DNS (Domain Name System) 查找時間，DNS 這個系統是一個用來比對域名以及 IP 位址的資料庫。每個可以在網際網路上存取的網頁，其網址都是由一組數字型態的 IP 位址所組成，例如：「123.66.65.190」，但由於數字型態的位址不容易記憶，於是就有了域名的出現，讓數字型態的 IP 位址能夠對應至一組比較容易記憶的名稱，例如「www.

text.com.tw」。網域查找時間指的就是查找域名時，域名至網域名稱系統資料庫中尋找對應之 IP 位址所花費的時間。

(3) 伺服器連線時間

在瀏覽器中查詢網域並能夠在 DNS 中找尋到對應的 IP 位址之後，下一個步驟就是進行伺服器連線。這個階段就好比撥打電話一般，要等待對方接聽以後才能夠與對方搭上線，因此可以將伺服器連線時間比擬成撥打電話時，響鈴所花費的時間。

(4) 伺服器回應時間

這個階段指的是確認與伺服器連線成功後，至網頁內容開始呈現前所花費之時間。

(5) 文件讀取時間

文件代表的是網頁內容，文件讀取時間所指為當特定網頁的 HTML 文檔被觸發後所花費的載入時間，不需要等到網頁內容中所有的圖片、表格，或是文字內容都完全呈現出來才算是文件載入完畢。

網站速度的檢測

身為一位網站經營者，網站速度這項指標的量測極為重要，它攸關著用戶體驗 (User Experience, UX) 以及搜尋引擎最佳化的成效。確實，在上網時若遇到一個讀取速度很慢的網站，真的會令人反感，甚至會讓人以後都不想再去瀏覽這個網站，用戶體驗被大打折扣。除此之外，Google 將網站速度列入搜尋引擎排名的評量標準之一，稍不注意，你的網站很容易就被Google 默默的打入冷宮。

影響網站速度變慢的原因有很多，可能是硬體設備不足，可能是網路頻寬傳輸速度過慢，也可能是軟體使用資源分配上的缺失。若屬於硬體或是網路頻

寬的問題，都還算容易解決，只需更換更高階的硬體設備，或是更換另一家更穩定的網路服務供應商即可，不過若屬於軟體資源分配上的缺失，就沒有那麼容易掌握了，因此這時候必須依靠網站速度檢測軟體來為你解答。Google官方提供了一項網站速度檢測工具，稱作「PageSpeed Insights」(https://developers.google.com/speed/pagespeed/insights/?hl=zh-TW)，只要將你的網站網址輸入至圖 6-4 的框線處，這項工具就會自動進行速度評分，並且還會提供改進建議。

圖6-4　PageSpeed Insights

　　檢測完畢後，該網站會提供兩個評分，分別為行動版評分以及電腦版評分，畢竟訪客在瀏覽你的網站時，可能採用行動裝置或是桌上型電腦。對於修改建議的部分，PageSpeed Insights 會依照修改必要程度幫你進行分類，出現紅色驚嘆號代表對網站具有重大影響，出現黃色驚嘆號代表對網站具有輕微影響，而出現綠色勾選符號代表沒有任何重大問題。透過這項網站速度檢測工具，可以得知要提升一個網站的速度有八種方法，整理如下：

(1) 清除前幾行內容中的禁止轉譯 JavaScript 和 CSS

　　解決由 JavaScript 和 CSS 造成的網頁阻塞問題。盡量避免在 CSS 標籤底下寫入 JavaScript 內容，因為網頁在讀取的順序會以 CSS 內容優先讀取，讀取完以後才會處理 JavaScript 內容，如此一來會造成網頁阻塞。因此，若要使用 JavaScript 語法，要盡量使用外部載入 JavaScript 的方式，不要直接寫入其中。

(2) 使用瀏覽器快取功能

讓可被快取化的網站資源具備快取 (Caching) 功能，例如：圖片、PDF、媒體檔案等。假如一個訪客已經不是第一次來到你的網站，可被快取的網站資源就不需要再被重新讀取或載入一次。

(3) 啟用壓縮功能

將檔案進行內容壓縮並轉換成為 gzip 檔以後，再傳送給使用者，如此一來不但可以減少傳遞資料時的頻寬占據，也可以增快網站讀取速度。

(4) 壓縮資源 (HTML、CSS 和 JavaScript)

去除程式碼中不必要的空格、分行符號或是縮排，都會影響網站資源傳送的效率。

(5) 最佳化圖片

盡量使用最低大小的圖片，並且在適當狀況下將圖檔壓縮。此外，圖片中不要有過多的空白，顏色的深淺也都要拿捏得當，這些都是會影響圖片大小之因素。至於檔案的儲存格式可以參考如下：圖片小或內容結構簡單，就使用 GIF 檔，若是攝影圖片就用 JPG 檔，一般狀況下使用 PNG 檔，且盡量避免使用 TIFF 或是 BMP 等大型檔。

(6) 最佳化樣式和指令碼的順序

大致上與第 (1) 點的內容相同，不過在此強調要把外部 CSS 檔放置於外部 JavaScript 檔前面，以確保系統能夠平行式的下載 CSS 檔。

(7) 縮小不需捲動位置的內容

一個網站的內容過多，會使得訪客必須透過捲動滑鼠才能夠看到完整內容，但是捲動內容會降低網頁讀取速度，因此需要修改 HTML 架構，讓瀏覽器能夠優先載入主要內容，或者不需要透過捲動即可閱讀的內容。

(8) 避免使用 CSS import

　　避免使用「@import」語法來匯入 CSS 檔，盡量使用 link 標籤引用 CSS 檔的方式，如此可以減少網站加載的時間。

GA 如何辨識新舊訪客？

- 什麼是 Cookie
- 查詢瀏覽器中的 Cookie
- GA 的 Cookie 種類與功能
- 認識 Client ID
- 觸發 GA 記錄新訪客的情形

關於 Cookie

　　GA 透過 Cookie 來進行網頁追蹤以及新舊訪客辨識。在介紹 GA 如何透過Cookie 辨識新舊訪客之前，有必要事先了解何謂 Cookie。Cookie 是一種記錄訪客行為的中介，訪客只要進入到一個網站，該網站就會發送 Cookie 到訪客電腦的瀏覽器資料夾，並以文字檔 (txt 檔) 的形式儲存起來，每當訪客在 Cookie 發送網站進行瀏覽或操作時，Cookie 會不斷的更新行為資訊，因此它具有追蹤使用者行為以及記憶使用者資訊的能力。這也就是為何我們在登錄 Gmail 之後再進入到另一個與 Google 相關的網站時，不需要再一次輸入帳號密碼的原因，Google 官方的 Cookie 會將我們第一次登入帳號密碼時的資訊儲存起來，等到下一次要用的時候再從 Cookie 提取資訊。想要知道自己在上網的過程中被丟入多少 Cookie 到瀏覽器資料夾裡嗎？以下將分別透過 Chrome 瀏覽器以及 IE 瀏覽器進行 Cookie 查看介紹。

(1) Chrome 瀏覽器中的 Cookie

以 Chrome 瀏覽器為例，請先進行以下操作：自訂及管理 (畫面右上角三個點) → 設定 → 進階 → 隱私權和安全性 (網站設定) → Cookie (顯示所有 Cookie 和網站資料)，如圖 7-1 至圖 7-3 所示。

圖 7-1　Cookie 查找──Chrome 瀏覽器 (1)

圖7-2　Cookie 查找──Chrome 瀏覽器 (2)

圖7-3　Cookie 查找──Chrome 瀏覽器 (3)

　　圖 7-4 是 Chrome 瀏覽器中的 Cookie 和網站資料，我們可以從裡頭得知 Cookie 的來源網站以及數量。為了讓各位能夠體驗 Cookie 被放入電腦的瞬間，可以先點選框線處的「全部移除」，將所有現存 Cookie 清空，接著請隨機進入一個網站後再次觀察此頁面，就會發現裡頭從完全沒有資料瞬間新增了多筆資料，這些資料就是當你進入該網站時被放入瀏覽器資料夾的 Cookie。Cookie 又可以分為第一方 Cookie 以及第三方 Cookie 兩種，前者源自於造訪網頁本身，而後者源自於造訪網站中與其內容相關的其他網站。

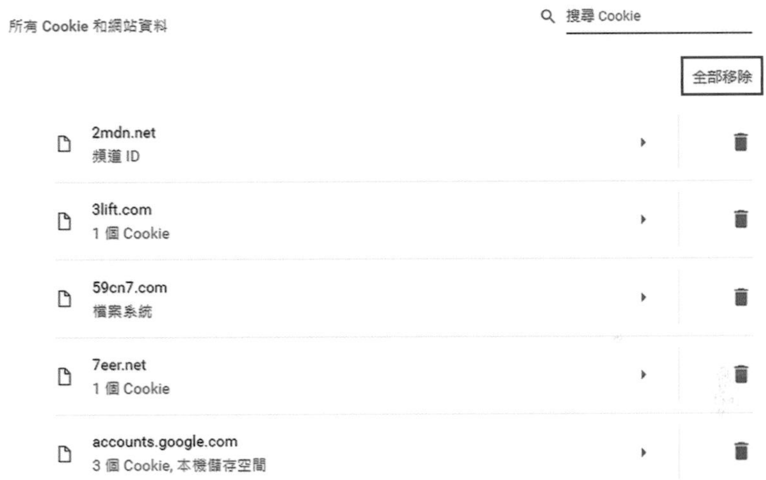

圖 7-4　Cookie 查找——Chrome 瀏覽器 (4)

　　若從畫面中隨機點選一項 Cookie 來查看 (以 3lift.com 為例)，會發現裡頭包含多項 Cookie 相關資訊，如圖 7-5 所示。其中框線處有一項資訊為「有效期限」，從這項資訊可以得知該 Cookie 多久後會因為過期而自動被刪除，若經過一段時間後才會自動刪除的 Cookie，稱為持續性 Cookie；反之在離開網站後就會自動消失的 Cookie，稱為暫時性 Cookie。

圖7-5　Cookie 查找──Chrome 瀏覽器 (5)

(2) IE 瀏覽器 Cookie

　　以 IE 瀏覽器為例，請先進行以下操作：工具 (畫面右上角齒輪) → 網際網路選項 → 一般 → 瀏覽歷程記錄 (設定) → 檢視檔案，如圖 7-6 至圖 7-8 所示。

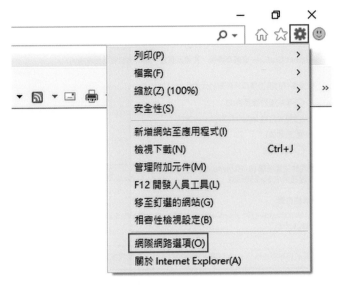

圖7-6　Cookie 查找──IE 瀏覽器 (1)

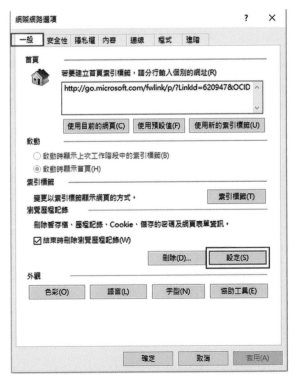

圖7-7　Cookie 查找──IE 瀏覽器 (2)

網站資料設定 ? ✕

Temporary Internet Files 歷程記錄 快取與資料庫

Internet Explorer 會儲存網頁、影像及媒體，讓之後的檢視更快速。

檢查儲存的畫面是否有較新的版本:

○ 每次造訪網頁時(E)

○ 每次啟動 Internet Explorer 時(S)

◉ 自動(A)

○ 永不(N)

使用的磁碟空間 (8-1024MB)(D) 　　　250 ▲▼
(建議大小:50-250MB)

目前的位置:
C:\Users\hanping31\AppData\Local\Microsoft\Windows\
INetCache\

移動資料夾(M)... 　 檢視物件(O) 　 檢視檔案(V)

確定 　 取消

📖7-8　Cookie 查找——IE 瀏覽器 (3)

　　此時會自動彈跳出一個資料夾，如圖 7-9 所示。這是一個用來存放以 IE 瀏覽器為基礎的 Cookie 資料夾。自資料夾內容來看，裡面充滿各式各樣的檔案類型，不過只有文字檔 (txt 檔) 才稱為 Cookie，其餘的 ico、png 圖檔或是 JavaScript 指令檔等等，都只是和 Cookie 一同被放入的連帶資訊。

📖7-9　Cookie 查找——IE 瀏覽器 (4)

GA Cookie 的種類及功能

在了解 Cookie 樣貌之後，那麼在 GA 範疇底下的 Cookie 又可以分為幾種呢？一般而言 GA 具有三種 Cookie，分別為 _ga cookie、_gat cookie 以及 _gid cookie，這三種都屬於第一種持續性 Cookie。

(1) _ga cookie：具備資料蒐集功能，主要用途為辨識不同訪客，預設情況下，每兩年會更新一次。

(2) _gat cookie：不具備資料蒐集功能，主要用途為讀取 JavaScript 函式庫的資料以及加快網頁回應速度。它會限制能夠產生高流量之網頁的資料蒐集功能，限制的方式由 Google 從未公開過的演算法判斷，預設情況下，每 1 分鐘會更新一次。

(3) _gid cookie：具備資料蒐集功能，主要用途為辨識相同或不同訪客在不同頁面上的行為，預設情況下每 24 小時會更新一次。

_ga cookie 的組成

_ga cookie 的組成包含了四個參數，分別為版本編號、網域名稱組成數、初進站訪客戳記以及初進站訪客時間戳記，如圖 7-10 所示。

_ga cookie: GA1.3.2112423915.1484630817

(A)(B)　　(C)　　　(D)

圖 7-10　_ga cookie 的組成

(A) 版本編號：目前 GA 的版本編號皆為「1」，未來若有更新版本，或許會有所更動。

(B) 網域名稱組成數：網址若為 abc.idv.tw，記為「3」，網址若為 abc.tw 則記為「2」。

(C) 初進站訪客戳記：對初次進站的訪客，GA 會發送一組獨有的客戶戳記代碼至 _ga cookie。

(D) 初進站訪客時間戳記：對初次進站的訪客，GA 會發送一組時間戳記代碼至 _ga cookie，代表訪客第一次來到該網站的時間。

其中 (C) + (D) 合起來的參數值稱為客戶 ID (Client ID)。雖然前面介紹了 _ga cookie 主要功能為辨識新舊使用者，不過真正具備辨識功能的，其實是這組客戶 ID，由初進站訪客戳記以及初進站訪客時間戳記共同組成，這就是新舊使用者的判斷關鍵。若是不曾被 GA 記錄過的客戶 ID，即被定義為新使用者；若曾經被 GA 記錄過，則定義為舊使用者。雖然客戶 ID 可以幫助我們判斷目前進站使用者是屬於新訪客或是舊訪客，但是在某些情況下，有可能導致 GA 無法正確判斷，例如：

(1) 訪客以不同裝置進入網站。
(2) 訪客使用不同瀏覽器進入網站。
(3) 訪客清除 Cookie 歷史紀錄後再次進入網站。
(4) 訪客使用無痕模式進入網站。
(5) 訪客當次造訪與初次造訪間隔兩年之後再次進入網站 (客戶 ID 效期為兩年)。

所幸在瀏覽器預設情況下，並不會將 Cookie 歷史紀錄清除，因此在大多數訪客不知情的前提下，甚少發生上述第(3)項情況。第(1)項情況其實是可以透過 GA 的 User ID 功能來克服，然而此功能涉及到訪客登入所需使用的資料庫連動，再加上資料庫種類繁多，本書難以傳達統一做法，不過對這部分有興趣的讀者，可參閱 GA 原廠說明 https://support.google.com/analytics/answer/3123662?hl=zh-Hant。至於遇到第(4)項與第(5)項非戰之罪的情況，網站經營者也只能摸摸鼻子，將它們視為流量分析誤差了。

GA 有哪些相關的 API ？

關於 API

API (Application Programming Interface)，中文翻譯為應用程式介面，它主要功能為製造資料連線並傳送使用者所需資料，這個做法可讓提供 API 業者的服務得以在不同場域上呈現。舉例來說，當我們要訂購出國機票時，可以至旅遊網站或是購票平台進行航班查詢及訂票服務，不需要來到航空公司的官方網站也可以達成相同需求，這就是透過 API 的協助。航空公司會開發出一套能夠和自身資料庫或是結帳系統連動的 API，放置於官方網站以外的旅遊網站或是訂票平台上，就可以達成該網站以及自身系統彼此間連繫，如此便擴大了服務範疇。

再舉一個與我們生活環環相扣的例子，每當我們去餐廳用膳，第一個動作就是拿菜單點菜，當點完菜之後，就會請服務生過來將菜單送去給廚房。這看似平常的動作，其實就可以拿來解釋 API 運作，試著把廚房當做是一套提供服務的系統，服務生就是 API，而自己就是提出服務需求的網站。服務生將我們點完菜的菜單送到廚房那邊，告訴廚房需要做什麼餐點，接著等到餐點製作完成後，又從廚房將做好的餐點送回到我們餐桌上。這個過程就如同 API 從服務需求網站得知該網站需要什麼樣的服務，接著再將這段需求傳達給提供服

務的系統，系統就會依照需求回應結果給需求網站，因此 API 扮演服務需求與供給之間的橋梁。

Google Analytics 的 API

GA 的 API 主要分為三大類別，分別是蒐集型 API、管理型 API 及資料匯出型 API。

(1) 蒐集型 API (Collection API)

蒐集型 API 指的就是前面在祕訣 2. 所提到的量測協定 (Measurement Protocol)，透過它可以達成跨境行為追蹤的功能，在可連網裝置的基礎下完成網頁或是 APP 以外的行為追蹤。不過蒐集型 API 有一項限制，就是一次僅能追蹤一種情境，如同祕訣 2. 所示範的追蹤 E-mail 信件是否被開啟一般。根據 GA 官方說法，量測協定可以設定成八種類別情境：(1) 頁面瀏覽 (page view)、(2) 螢幕瀏覽 (screen view)、(3) 事件 (event)、(4) 交易 (transaction)、(5) 商品項目 (item)、(6) 社交 (social)、(7) 例外狀況 (exception)、(8) 時間戳記 (timing) 等。至於使用者在追蹤一項行為時，要將這筆資料歸類於哪一種類型，則是由使用者自行評估。

(2) 管理型 API (Management API)

回顧一下我們在祕訣 1. 中提到的 GA 運作過程，其中第二個步驟稱為條件配置，主要用來幫助 GA 在記錄一筆資料前先建立條件。例如：設定一組目標或者是設定一組實驗設計，在設定好所需條件後，GA 會提供一組程式碼，將其嵌入網頁後台，便可實現資料傳遞與分析，此類程式碼就是屬於管理型 API 的一種，可以直接取用。除此之外，管理型 API 顧名思義就是為了管理使用者所需的資料，因此可以透過 API 取得某個 GA 資源層下特定的資料檢視層資料，不過必須搭配資料匯出型 API 一起使用，才得以完整的將 GA 資料匯出。

(3) 資料匯出型 API (Reporting API)

我們可以很容易從字面上得知此類型 API 的主要用途為匯出 GA 的資料，在此類型 API 底下，又可以細分為五個項目，分別為：①歷史資料 API (Core Analytics API)、②即時資料 API (Real Time Reporting API)、③嵌入式 API (Embed API)、④多管道路徑報表 API (Multi-Channel Funnels Reporting API) 以及⑤元數據 API (Metadata API)。

其中，歷史資料 API 能夠直接把 GA 歷史資料匯出，自行選取觀察時段、維度以及指標後，再將資料一併匯出且儲存。即時資料 API 指的是能夠把 GA 即時狀況下蒐集到的資料透過 API 方式匯出，並且此匯出的資料能夠自動更新，連動到 GA 平台中即時報表的數據。嵌入式 API 是指可以在第三方網站嵌入多種圖形化報表藉此形成儀表板，例如：目前 GA 的資料檢視層正追蹤 A 網站的流量，但可以透過嵌入式 API 將 A 網站產生的流量圖形化報表嵌入至 B 網站中。多管道路徑報表 API，的功能是將整個 GA 平台「轉換」中的「多管道程序」報表取出，並且自行搭配維度以及指標，這可以幫助使用者更方便觀察訪客進行轉換前的一舉一動。元數據 API 的功能是將 GA 所有用到維度與指標的元數據匯出，替這些維度與指標進行描述與解釋，其中包含了該維度或指標的名稱、屬性或是進行資料提取時用到的名稱等，主要用途是幫助開發人員更容易掌握 GA 維度及指標的資訊。

GA 如何得知訪客性別、年齡以及興趣？

性別、年齡以及興趣報表的開啟

在祕訣 1. 中，我們提及了 Cookie 會進行訪客的行為捕捉，並且會自動捕捉三種類型的資訊，分別為頁面資訊、瀏覽器資訊以及訪客資訊。而當時在介紹訪客資訊這個類別時，僅包含了訪客所在位置資訊以及語言資訊兩個項目，最重要的性別、年齡以及興趣資訊並未包含在其中，因此我們必須透過手動操作開啟這項功能。開啟方式包含兩大步驟，分別為 GA 平台內開啟以及網頁程式碼開啟。

(1) GA 平台內開啟

在取得訪客性別、年齡以及興趣報表前，首先 GA 平台會要求分析者啟用這項功能，所在位置為「目標對象 → 客層 → 總覽」，如圖 9-1 紅框處所示，接著請點選藍框處的「啟用」，如此便完成平台內開啟步驟。

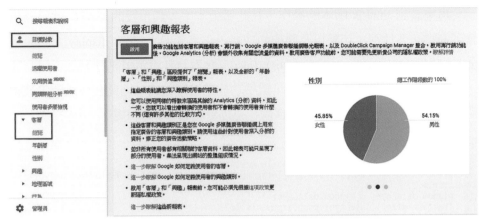

圖 9-1　啟用訪客性別、年齡以及興趣報表── GA 平台內開啟

(2) 網頁程式碼開啟

先以 analytics.js 版本為例，進入 HTML 編輯後台後，於圖 9-2 框線處嵌入一段程式碼 ga ('require', 'displayfeatures')，即可完成訪客性別、年齡及興趣報表程式碼的開啟。這段程式碼需放置於 analytic.js 版本 GATC 的「建立追蹤器」以及「發送」程式碼之間，因為程式碼的讀取具有順序性，因此加入追蹤訪客特徵的功能需在建立追蹤器之後，最後才能夠連同訪客特徵的數據透過「send」命令回傳至 GA 平台。

```html
1  <html>
2
3  <head>
4  <meta http-equiv="Content-Type" content="text/html; charset=big5">
5  <title>This is a test page</title>
6
7  <script>
8    (function(i,s,o,g,r,a,m){i['GoogleAnalyticsObject']=r;i[r]=i[r]||function(){
9    (i[r].q=i[r].q||[]).push(arguments)},i[r].l=1*new Date();a=s.createElement(o),
10   m=s.getElementsByTagName(o)[0];a.async=1;a.src=g;m.parentNode.insertBefore(a,m)
11   })(window,document,'script','https://www.google-analytics.com/analytics.js','ga');
12
13   ga('create', 'UA-93110821-1', 'auto');
14
15   ga('require', 'displayfeatures');
16
17   ga('send', 'pageview');
18
19 </script>
20 </head>
```

圖 9-2　啟用訪客性別、年齡以及興趣報表──網頁程式碼開啟 (analytics.js)

再來談到 gtag.js 版本的操作，在此新版本中，其預設的 GATC 就已經包含了追蹤訪客性別、年齡以及興趣的功能，它是透過「allow_display_features：true」或是「allow_display_features：false」參數及其設定值來控制是否要開啟這項功能，不過由於預設狀態下，這項功能是被開啟的，因此在程式碼中被省略。若要呈現出程式碼原本完整樣貌，可以參考圖 9-3 框線處。

```
3  <head>
4
5  <!-- Global Site Tag (gtag.js) - Google Analytics -->
6  <script async src="https://www.googletagmanager.com/gtag/js?id=UA-93110821-1"></script>
7  <script>
8    window.dataLayer = window.dataLayer || [];
9    function gtag(){dataLayer.push(arguments)};
10   gtag('js', new Date());
11
12   gtag('config', 'UA-93110821-1', {'allow_display_features': true });
13
14  </script>
15
```

圖 9-3　啟用訪客性別年齡以及興趣報表 —— 網頁程式碼開啟 (gtag.js)

經過兩道開啟報表的操作後，仍然沒有流量產生？

經過 GA 平台內開啟以及網頁程式碼開啟訪客年齡、性別以及興趣的報表之後，資料不一定會馬上出現，因為此資料可能會牽涉到隱私權而足以識別出特定的人。舉例來說，假設今日教室中只有兩位學生，A 同學為男性，B 同學為女性，我們很容易判斷男女比例為 1:1。此時若隨機挑選一位進入側錄網站，且在 GA 記錄到一筆男性資料，我們就能夠直接斷定這筆資料是來自於 A 同學，而這就是一個可以識別出特定人的情境。不過若此時將場景切換到五月天的演唱會，當中有成千上萬名男女，我們很難一眼就判斷出當下有多少男性以及女性，也更不用說要識別出特定的人了。

藉由以上這兩個例子可以發現，他們最大的差異就在於資料量 (即流量) 的不同，如果資料量過少，GA 為了保障隱私權，就不會產出性別、年齡以及興趣的資料，等到資料量到達一定數量時，才會有資料產生。資料產出與否的判斷標準，會根據當初設定 GA 帳戶時所選取的產業類別，GA 會自動比對在該產業類別下需具備多少資料量才不會侵犯隱私權，最後才會將訪客性別、年齡以及興趣的報表予以呈現。

性別年齡以及興趣資料怎麼來？

當訪客在登入 Google 帳號的情況下瀏覽側錄網站時，就可以記錄到他的性別、年齡以及興趣資訊，因為當初申請 Google 帳號的過程中，都會要求填寫基本資料，其中當然也包含了性別、生日等資訊。除此之外，現代人對於 Google 的相關產品肯定不可或缺，例如：Gmail、Google 雲端硬碟、Google 地圖、Google 日曆等，這些軟體在我們的生活中都扮演著重要角色，每當我們使用過程中，Google 能夠藉由交叉比對，獲取使用者的相關資訊，甚至得知興趣。除此之外，手機這項工具其實也是洩漏個人興趣資訊的共犯結構，假如你是 iPhone 手機使用者，可以來到「設定 → 隱私權 → 廣告 → 限制廣告追蹤」，當你再仔細一看會發現，這項功能的名稱為「限制廣告追蹤」，它在預設的情況下是關閉的；換言之，要將其開啟才會具有限制廣告追蹤功能，而這個項目就是追蹤興趣資訊的來源之一。假如你是 Android 手機用戶，也同樣可以在「Google 設定資料夾 → 廣告 → 停用按照興趣顯示的廣告」找到這項功能，如圖 9-4 框線處所示。

圖 9-4　手機興趣報表來源

站內式分析與站外式分析的運作有何不同？

- 站外式流量分析
- 平行數據
- SimilarWeb
- 站外式流量分析與站內式流量分析的差異比較

站外式流量分析工具如何取得數據？

網站流量分析工具一般分為兩大類型，包括站內式網站流量分析 (On-site Analytics) 以及站外式網站流量分析 (Off-site Analytics)。前者代表的是分析者必須具有側錄網站編輯權限才能夠進行分析，分析重點在於了解該網站訪客具體且深度的行為流程，例如：Google Analytics 即是一種站內式分析工具。而後者代表的是分析者不需要具備網站編輯權限也能夠進行分析，分析重點在於和自身性質相似的網站進行優劣分析比較，例如：SimilarWeb 即屬於站外式分析工具。

使用站外式流量分析工具的過程中，不需要具備側錄網站的編輯權限，也不需透過程式碼來啟動它的運作，因此我們不只可以透過它了解自己網站的流量表現，更可以了解他人網站的流量表現，並且拿來進行流量評比。不過，站外式流量分析工具是以宏觀的角度來觀察流量，能夠拿來進行評比的維度或指標有限，例如：瀏覽量、流量來源或是網站排名等。這些資料都取自於公開資料 (Open Data)，其取得的方法有兩種，分別是平行數據 (Panel Data) 以及網路服務供應商數據 (ISP Data)。

(1) 平行數據

　　平行數據是蒐集公開資料的方法之一，又稱為面板數據。首先，我們得了解什麼是面板。它是指在特定情況下顯示於使用者螢幕上的所有資訊，例如：一個網站的主畫面屬於一個面板，當切換至其他頁面時，又會產生另一個面板。面板數據指的就是一個頁面中的訪客行為紀錄，若由好幾張頁面組成一個網站之所有訪客行為紀錄總和，就會產出巨量的面板數據。因此，面板數據沒有特定指的是多大或是多小的數據，它代表的就是真實被記錄下來的訪客行為。

　　至於記錄的方法會由面板持有者請外包公司於每一個面板裝設一套監控軟體，它可以蒐集所有面板上的瀏覽行為，此外還會請人彙整一份報告，裡頭包含訪客人數、薪資、性別、年紀、教育程度等資訊，最後再將這些資料提供給面板持有者參考，而不影響隱私權規範的資料就會被拿出來成為公開資料。一般而言，面板數據都來自於家庭使用者，至於學校、研究機構或是政府機關等，都會因為安全或是隱私權問題而禁止監控軟體的介入。

(2) 網路服務供應商數據

　　讓一個網站上線必須經由網路，而網路是由網路服務供應商提供，因此網站服務供應商握有訪客上網行為的完整紀錄。由於 ISP 業者會將所有數據去識別化，因此資料來源就不限於家庭使用者，與平行數據相比，其資料量更大且更豐富。也正因為網路服務供應商持有寶貴的大數據資料，它會把資料出售給第三方平台，例如：站外式流量分析平台。

關於 SimilarWeb 站外式流量分析工具

　　了解站外式流量分析運作後，以下為各位介紹其中一種站外式流量分析工具「SimilarWeb」的操作方式。這項工具可以免費使用基本的維度及指標，若想要使用更強大的功能，SimilarWeb 也有提供付費版本。

首先來到 SimilarWeb 的主畫面 (https://www.similarweb.com/)，如圖10-1所示，並在框線處輸入欲觀測的網站網址，例如：「google.com.tw」。

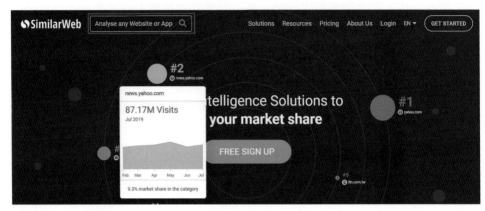

🔳 10-1　SimilarWeb (1)

接著，可以在圖10-2框線處點選「+compare」加入比較對象，例如：「yahoo.com.tw」。例如：「yahoo.com.tw」。此時就會呈現兩者之間的數據差異，如圖 10-3 所示。

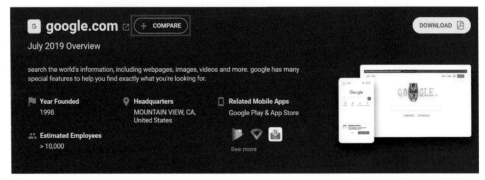

🔳 10-2　SimilarWeb (2)

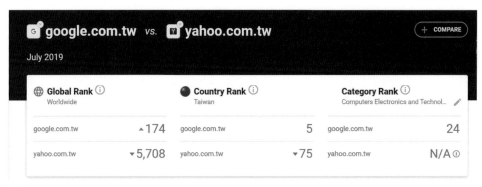

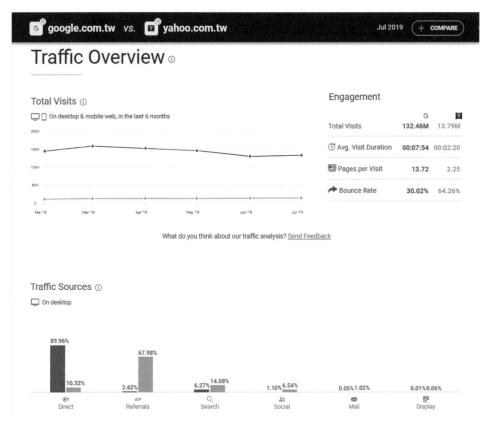

圖 10-3　SimilarWeb (3)

　　在免費版本的 SimilarWeb 中會提供網站排名，包含世界排名、國家排名以及類別排名，此外還會提供瀏覽量以及流量來源等資訊，如圖 10-4 所示。

圖 10-4　SimilarWeb (4)

關於站內式流量分析工具

要使用站內式流量分析工具，首先必須具備側錄網站的編輯權限。不同於站外式流量分析工具是以宏觀的角度看數據，站內式流量分析工具能夠具體的深入追蹤訪客於側錄網站中的一舉一動。例如：訪客於一個網頁停留了多久時間，在該網頁上點擊了哪些按鍵，是否已完成購買行為，或是花費多少錢等。GA 這項工具就屬於站內式流量分析工具，其運作流程是透過一段 JavaScript 追蹤碼以及 Cookie 共同達成，詳細內容請回顧祕訣 1.。

站外式流量分析工具 vs. 站內式流量分析工具

圖 10-5 為站外式流量分析工具以及站內式流量分析工具的差異比較表。

在實務上，多數網站經營者會同時使用站內式與站外式流量分析工具，期盼能夠互補彼此之間的不足。值得注意的是，雖然 GA 被歸類成站內式流量分析工具，但隨著其功能不斷進化，近年來 GA 有加入站外式分析功能的趨勢，像是在「目標對象 → 基準化」裡頭的分析項目，即是以同性質網站的平均流量做為比較基礎，供網站經營者判斷自己流量表現良窳的站外式分析功能。

	站外式流量分析工具	站內式流量分析工具
具備編輯權限	NO	YES
具備追蹤程式碼	NO	YES
數據類型	宏觀	具體
目的	評比自身網站與同類型網站的流量狀況	洞悉訪客在側錄網站的一舉一動
相關工具	SimilarWeb、Alexa、Compete、GoogleTrend	GA、百度分析、Flurry、Piwik、FB insights

圖 10-5　站外式與站內式流量分析工具比較表

2 名詞比較篇

對於剛接觸 Google Analytics 的使用者而言，想必被報表中各式各樣的名詞搞得暈頭轉向了吧？甚至在查看 Google 官方說明文件之後，反而感到更加難以理解吧？首先我們要樹立一個觀念，就是在進行資料分析之前，必須要先釐清報表中所有名詞的定義，若定義不清，後續就難以正確的進行資料解讀。因此在「名詞比較篇」中，筆者會利用多種情境上的假設，帶領各位讀者從中認識 GA 報表中，時常會讓分析者混淆的名詞，本篇內容包含：

祕訣 11. 維度 vs. 指標

祕訣 12. 使用者人數 vs. 工作階段 vs. 瀏覽量

祕訣 13. 跳出率 vs. 離開率

祕訣 14. 來源 vs. 媒介

祕訣 15. 平均網頁停留時間 vs. 平均工作階段時間長度

維度 vs. 指標

- 認識 GA 維度
- 認識 GA 指標
- 維度與指標的差異
- 有效的維度與指標搭配

維度和指標的差異

在 GA 中「維度」(Dimension)與「指標」(Metric)要如何區別呢？這是每一個 GA 使用者一開始可能會提出的疑問，更是 GAIQ 時常出現的考題之一。首先介紹「維度」這個名詞，維度指的是訪客屬性或是分類，是一種非量化概念，主要用來描述訪客特性。

現今假設一個情境：一名訪客透過桌上型電腦使用 Chrome 瀏覽器進入了「text.com.tw」的側錄網站，且該名訪客為男性，年齡介於 18-25 歲，流量來自於台北市大同區。從以上短短幾句話中可以觀察出幾項維度資訊呢？答案總共是六項維度。訪客透過「桌上型電腦」說明了**裝置類別**，接著使用「Chrome 瀏覽器」說明了**瀏覽器名稱**，進入「text.com.tw」側錄網站說明了**網頁網址名稱**。此外，該名訪客為「年齡 18-25 歲之間的男性」，分別說明了**年紀**以及**性別**，最後流量源自於「台北市大同區」，說明了**地區**資訊。因此不管是裝置類別、瀏覽器名稱、網頁網址名稱、年紀、性別或地區，這六個項目的共同特徵皆在說明訪客的特性，且它們皆是非量化資訊，而這就是「維度」

的定義。此外，維度在 GA 報表中的表示方式都是以綠色字體呈現，如圖 11-1 所示。

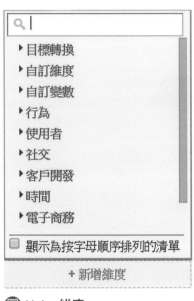

圖 11-1　維度

另一項常與維度搞混的名詞稱為「指標」，指標是一種量化概念，用來呈現訪客的行為計量，通常需要透過運算才得以呈現 (如加總、平均或是百分比)。讓我們再假設另一個情境：某側錄網站於近七日內被造訪了 5 次，且進入該網站的訪客平均約停留 3 分鐘，其中有 30% 的訪客在不產生任何互動下離開網站，不過在這段日子裡還是有 10% 的訪客願意掏錢購買該側錄網站中販賣的產品。在以上這個簡單情境中，可以發現幾項指標呢？答案是四項。

首先該側錄網站在設定的日期區間內被造訪 5 次說明了**工作階段數**，訪客平均在側錄網站中約停留 3 分鐘說明了**平均工作階段時間長度**，其中有 30% 的訪客不與側錄網站互動即離開網站說明了**跳出率**，最後發現仍有 10% 的訪客願意在該側錄網站上消費說明了**轉換率**。綜合以上，不管是工作階段數、平均工作階段時間長度、跳出率或是轉換率，這四個指標都有一項共同的特徵，

就是它們皆用來衡量訪客的行為計量，此即為「指標」的定義。此外，指標在 GA 報表中的表示方式都以藍色字體呈現，如圖 11-2 所示。

圖 11-2　指標

透過圖 11-3 的表格可以幫助讀者進一步了解維度及指標的差異。

	維度 (dimension)	指標 (metric)
型態	非量化數據	量化數據
用途	描述訪客特徵	衡量訪客質量
GA 報表呈現方式	綠色字體	藍色字體
舉例	裝置類別、瀏覽器名稱、網頁網址名稱、年紀、性別、地區	工作階段數、平均工作階段時間長度、跳出率、轉換率

圖 11-3　維度指標對照表

有效的維度與指標組合

一份報表的組成至少會有一個維度與指標，不過並非任何一個維度和任何一個指標都可以隨意搭配成一份報表，以「所有網頁」的報表為例 (如圖 11-4 紅框處)，在 GA 平台上取得此報表的位置為「行為 → 網站內容 → 所有網頁」，從畫面中藍框①處可以看到一項維度「網頁」搭配著藍框②處另外七項指標「瀏覽量」、「不重複瀏覽量」、「平均網頁停留時間」、「入站」、「跳出率」、「離開百分比」、「網頁價值」同時呈現於一份報表中，不過你是否曾經想過為何 GA 不是以「使用者人數」或是「工作階段數」等指標來搭配，而是以上述七項指標來搭配「網頁」維度而組成一份報表呢？

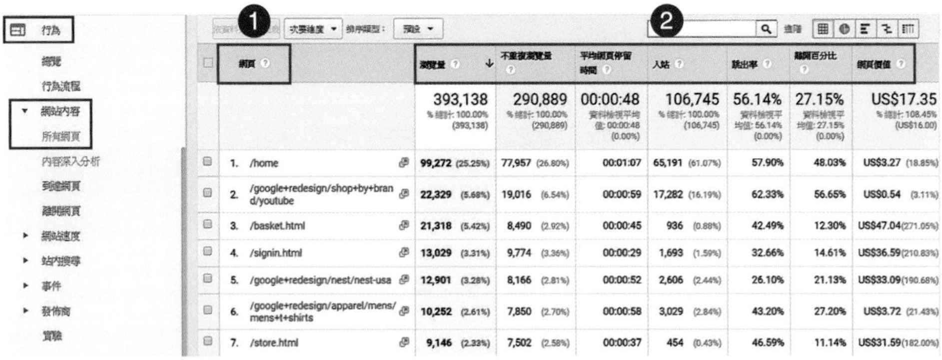

圖 11-4　所有網頁報表

GA 報表呈現其實是有限制的，它將所有數據分為四個層級，由上而下分別為使用者層級數據 (User Data)、工作階段層級數據 (Session Data)、點擊層級數據 (Hit Data) 以及產品層級數據 (Product Data)。使用者層級數據屬於最高層級的數據，他根據 Client ID 紀錄數據 (詳細內容請參考祕訣 7.) 並以使用者為單位將過去與現在的數據進行統合，進而能夠分辨該使用者屬於新使用者或是舊使用者。

第二層級的數據稱為工作階段層級數據，也就是以進站次數為單位所記錄下來之數據。例如：訪客在一次進站中瀏覽了哪幾個網頁、停留了多久時間、

產生了哪些行為等。第三層級稱為點擊層級數據，所謂點擊就是指單一的行為數據，例如：瀏覽行為、滑鼠滾動、影片觀看、文件下載等事件的發生，只要是記錄單一行為的數據就可以稱之為點擊數據。最後一項層級的數據稱作產品層級數據，它座落於點擊數據之下，當一項點擊數據牽扯到與產品相關的資訊時，這些產品相關的資訊就會被稱之為產品層級數據。

　　根據以上敘述，點擊層級數據是由多項產品層級數據組成，工作階段層級數據是由多項點擊層級數據組成，使用者層級數據是由多項工作階段層級數據組成，因此上面層級的數據包含了下面層級的數據，而沒有了下面層級的數據，就不會有上面層級數據的產生，這是一種單向的階級關係，如圖 11-5 所示。所以一份有效的報表其維度只能與同層級或同層級以下的指標相互搭配。不過有一種特殊情形，可以讓較下層的點擊層級數據包含較上層的使用者層級數據，就是當使用量測協定的時候 (詳細內容可參考祕訣 2.)，由於點擊層級數據可記錄 Client ID，因此也可以拿來識別新舊使用者，這種情況下，GA 報表就可以將點擊層級的維度與使用者層級的指標進行搭配使用。

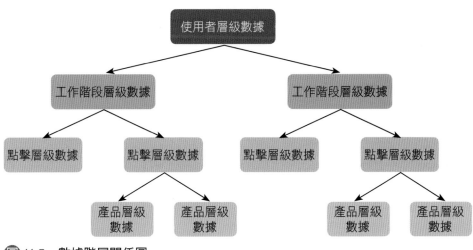

圖 11-5　**數據階層關係圖**

　　了解以上觀念後，讓我們回頭檢視「所有網頁」這份報表是否屬於有效報表。在維度方面，此報表使用了「網頁」，這是屬於工作階段層級的數據，因為在一個工作階段的基礎下可以瀏覽好幾個網頁。另外七項指標包含「瀏覽量」、「不重複瀏覽量」、「平均網頁停留時間」、「入站」、「跳出率」、「離開百分比」及「網頁價值」，這些都是以一個工作階段為基礎進行運算或是紀錄的數據，因此也屬於工作階段層級的數據，所以在這份報表中維度與指標的搭配屬於同一個層級是合乎邏輯的。為了方便各位讀者辨識不同層級的數據，圖 11-6 的表格列舉了各層級常用到的維度與指標。

	維度	指標
使用者層級數據	性別 年紀 地區	使用者人數 每位使用者工作階段數
工作階段層級數據	網頁 流量來源	工作階段 跳出率
點擊層級數據	事件類別 事件動作	瀏覽量 事件總數
產品層級數據	產品 產品類別	交易量 平均訂單價值

圖 11-6　常用維度與指標層級搭配表

使用者人數 vs. 工作階段 vs. 瀏覽量

使用者人數 (User)

在使用 GA 的過程中，常常會被一些名詞搞得暈頭轉向，倘若對這些名詞定義不清楚又誤解其真實含義，那麼會讓自己在分析報表過程中感到事倍功半、力不從心。使用者 (user)、工作階段

圖 12-1　目標對象總覽報表

(session)、瀏覽量 (pageview) 這三個名詞是 GA 最基本但也是最常被搞混的三大指標，讀者可以透過圖 12-1 框線處的「目標對象 → 總覽」報表來查看這幾項指標。

使用者顧名思義就是記錄一個側錄網站造訪人數的指標，它是由「新訪客」以及「回頭訪客」兩種元素所組成，其判斷依據是來自於 Client ID 的更新與否 (詳細內容請參考祕訣 7.)。「使用者」這項指標又可以稱為「不重複訪

客」，這邊的不重複指的是該訪客一天之內不管造訪幾次側錄網站，也只會被記錄為一次造訪，它是以「人」做為單位進行計算。

　　雖然從定義中去理解名詞看似容易，不過從報表中卻可以發現許多令人一時之間摸不著頭緒的現象，例如：「新訪客+回頭訪客≠使用者人數」。舉個例子說明，假設一名訪客在某天早晨首次進入側錄網站，下午又再次造訪時，此時新使用者、回頭使用者及使用者三項指標分別代表多少呢? 首先，訪客早晨初次造訪會記錄為新訪客「1」，使用者「1」。到了下午，該訪客的角色轉換成為回頭訪客，因此會記錄為回頭訪客「1」，但值得注意的是使用者指標依舊會維持「1」，並不會重複記錄。在這種狀況就會發生新訪客與回頭訪客的加總不等於使用者人數，而前提是在設定的日期區間內，使用者同時具有新訪客與回頭訪客兩種身分。另外就是「每日使用者加總≠時間區間使用者總合」的現象，如圖 12-2 的自訂報表就所示。其維度設定為「日期」，指標設定為「使用者」，且日期範圍設定在「2018/3/13-2018/3/14」這兩天區間。從報表中可以得知 3/13 有 3,278 個使用者，3/14 有 3,216 個使用者，照理來說 3/13-3/14 之間總共應該要有 3,278 + 3,216 = 6,494 位使用者，不過報表中框線處卻僅呈現了 6,250 個使用者，數量並不一致，而導致 244 位使用者消失的原因在於 (6,494 – 6,250 = 244) 「使用者」指標計算中，回頭訪客並不會每一日都被重複的紀錄，因此當分析者是以一段時間區間為單位查看流量時，回頭訪客就會以一段時間區間為單位計算回頭訪客數量，但當分析者選擇特定日期查看流量時，回頭訪客就會以「日」為單位獨立的進行紀錄。綜合以上可以得出兩項結論：1. 新使用者+回頭使用者≠使用者；2. 每日使用者加總≠時間區間使用者總合，皆為可解釋的現象。

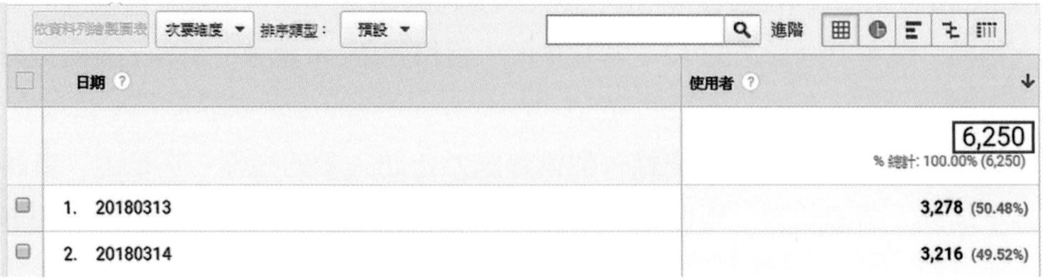

圖 12-2　日期 + 使用者自訂報表

工作階段 (Session)

　　「工作階段」代表訪客在側錄網站中的一組互動，這組互動包含了所有訪客對側錄網站產生的行為，例如：瀏覽、網頁切換、點擊等行為，只要在「工作階段逾時」發生以前，都只會被記錄為一次工作階段；工作階段逾時過後，訪客再與側錄網站發生互動，就會被記錄為第二次工作階段。那麼何謂工作階段逾時呢？在預設情形下，工作階段逾時為 30 分鐘，也就是訪客於側錄網站閒置 30 分鐘以後，當前的工作階段會被強制結束，當訪客再次與側錄網站產生新互動時，又會以另一個工作階段記錄。

　　舉個例子來說，假如今日一名訪客進入側錄網站持續互動 2 分鐘後，在瀏覽器不關閉的前提下，出門吃早餐花了 30 分鐘後，才又回到電腦前與側錄網站再次互動，而此次互動就會被列入第二次工作階段的紀錄。除此之外，橫跨凌晨 12 點的造訪行為也會產生工作階段逾時。假如今日有一名訪客於晚上 11:59 進入側錄網站並於凌晨 12:01 離開，初次的工作階段將會於凌晨 12 點產生工作階段逾時，接著再以第二次工作階段紀錄，因此就算他與側錄網站互動僅有 2 分鐘的時間，但也由於橫跨了凌晨 12 點而被記錄兩次工作階段。

　　最後還有一個情形也會造成工作階段逾時，那就是利用不同來源方式進入側錄網站。假如今日有一名訪客透過直接輸入側錄網站網址的方式進入側錄網站，不到 30 分鐘以後又透過 Facebook 廣告進入側錄網站，再不到 30 分鐘之後又以關鍵字搜尋的方式進入側錄網站，綜合「直接進站」、「Facebook 廣告進站」、「搜尋引擎關鍵字進站」就會記錄到三筆工作階段流量，這是由於進站來源不同造成工作階段逾時，只要使用新的來源進入側錄網站，原先的工作階段將會被迫停止，再開始新的工作階段紀錄。

　　了解工作階段紀錄的遊戲規則以後，那麼到底要如何定義工作階段的逾時長度呢？讀者可以進入 GA 管理員，並在資源層下方的追蹤資訊中點選工作階段設定，如圖 12-3 框線處所示。

🅖12-3　工作階段設定位置

　　圖 12-4 為工作階段逾時設定畫面，從框線處可以得知預設值為 30 分鐘，分析者可依照網站性質的不同進行調整。請注意！工作階段逾時並沒有統一的設定標準，端看網站型態來決定。假如自己是經營文章型態的內容式網站，試想當訪客還在閱讀冗長文章時，就受到工作階段逾時的影響而更新了工作階段記次，這似乎看起來不太合理，因此網站經營者必須審慎的設定此項指標，否則嚴重情況下，將導致 GA 報表失真。

工作階段設定

逾時處理 ⓘ ─────────

工作階段逾時
最短：1 分鐘、最長：4 小時

小時	分
0 ▾	30 ▾

🅖12-4　工作階段逾時設定

瀏覽量 (Pageview)

「瀏覽量」這項指標是指訪客瀏覽網站的次數，它是以「觸發 GATC 次數」做為計算單位。回顧祕訣 1. 所介紹過的 analytics.js 版本 GATC，在預設情況下，GATC 的第三部分「**ga ('send' , 'pageview');**」就是使用 send 語法，使得 GATC 被讀取後即回傳一筆 pageview 流量。現今假設一個情境：一名訪客於早上 9:00 進入了側錄網站主頁面，9:10 他將畫面切換至子頁面並點擊了一次重新整理，接著他於 9:20 再度回到主頁面。請問以上這個情境總共產生了多少次瀏覽量呢？總共為四次。

該名訪客進入了主頁面兩次記錄兩筆瀏覽量，進入子頁面一次記錄一筆瀏覽量，最後點擊重新整理導致網頁再度讀取一次又再記錄一筆瀏覽量，因此總計為四筆瀏覽量。然而事實上從頭到尾皆為同一名使用者在操作，卻可以在短短 20 分鐘內被重複計算那麼多次瀏覽量，可想而知的是這個指標非常容易會被膨脹。

沒錯！它就是一項歡樂指標，讓人誤認為自己所經營的網站產生過這麼大量數據。不過 GA 還有一項相對客觀的指標，稱之為「不重複瀏覽量」(unique pageview)，而此處的不重複是指單一工作階段內瀏覽相同頁面時不會被重複計算，若要查看此指標可以參考圖 12-5 框線處「行為 → 總覽」之畫面。假如現今有一名訪客與一個擁有 A、B、C、D 四張頁面的側錄網站互動，該名訪客在一天的首次工作階段中瀏覽網頁的順序為 A、B、A、B，第二次工作階段瀏覽網頁順序為 B、C、D、D (同一頁面出現兩次，代表點擊重新整理)，第三次工作階段瀏覽網頁順序為 A、B、C、A，那麼該名訪客在這一天中，總共產生了幾次不重複瀏覽量呢？

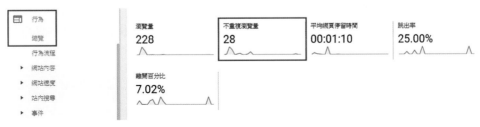

圖 12-5　不重複瀏覽量

通常在計算不重複瀏覽量時，都是先把一個使用者在網站中的行為分割成不同的工作階段，接著再依照各次的工作階段去計算不重複的頁面數量。因此以上述情境而言，該名訪客在第一次的工作階段中總共瀏覽了 A 與 B 兩個不重複的頁面，不重複瀏覽量記為「2」；於第二次的工作階段中總共瀏覽了 B、C、D 三個不重複頁面，不重複瀏覽量記為「3」；於第三次的工作階段中總共瀏覽了 A、B、C 三個不重複頁面，不重複瀏覽量也記為「3」，所以在這一天內，該名訪客總共產生了七次 (2 + 2 + 3 = 7) 不重複瀏覽量，但若用原本的瀏覽量指標進行計算時，總共會產生十二次 (4 + 4 + 4 = 12) 瀏覽量，確實不重複瀏覽量這項指標減緩了瀏覽量數據被膨脹的情況。

再次釐清易混淆名詞

為了讓各位讀者釐清以上所有出現過的名詞，包含使用者、不重複訪客、工作階段、瀏覽量以及不重複瀏覽量，筆者設計了一個情境供讀者自行練習。

已知工作階段逾期時間為 10 分鐘的前提下，一名訪客在 2019/6/30 上午 9:00 透過桌上型電腦進入一個他曾經來過之側錄網站 A 頁面，同時他也利用手機進入相同頁面進行瀏覽，並持續與該頁面互動直到 9:10 離開。到了下午 14:00，同一名訪客又透過桌上型電腦進入側錄網站 A 頁面，並於 14:05 切換畫面至 B 頁面，又於 14:08 再度回到 A 頁面。請問根據以上情境，在 2019/6/30 這一天當中，分別產生了多少使用者、不重複訪客、工作階段、瀏覽量以及不重複瀏覽量五項指標的流量？

答案為：2 位使用者、2 位不重複訪客、3 次工作階段、5 次瀏覽量、4 次不重複瀏覽量。若全部答對，那麼表示你成功征服這些原本讓人混淆不清的名詞了！

跳出率 vs. 離開率

- 跳出率的計算
- 離開率的計算
- 跳出率或離開率高，一定是負面情況嗎？

跳出率與離開率的計算方式

　　若想要觀察「跳出率」這項指標，可以點選圖 13-1 紅框處的「目標對象 → 總覽」報表，再將藍框處的維度設定為「跳出率」，即可檢視跳出率在特定日期區間內的變化。不過在觀察這項指標之前，必須先釐清跳出率的定義。跳出率的標準公式為「單頁工作階段數／全部工作階段數」，它是以工作階段做為計算單位，而所謂的單頁工作階段就是指訪客在一次的工作階段內滿足兩項條件：(1) 只瀏覽側錄網站其中一個頁面，(2) 從該頁面離開側錄網站。因此，若在一個工作階段滿足這兩項條件，GA 就會記錄一次跳出。

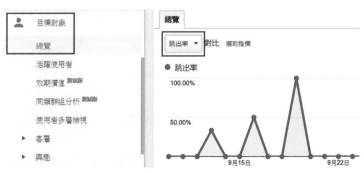

（圖）13-1　跳出率的變化圖

另外還有一項容易與跳出率混淆的指標稱為「離開率」，這項指標在報表上呈現的是「離開百分比」，可以點擊圖 13-2 紅框處的「行為 → 網站內容 → 所有網頁」並在藍框處進行檢視。離開百分比這項指標代表訪客於特定頁面離開側錄網站的比例，也就是說，讓某一頁面成為拋棄頁之比例。

圖 13-2　離站百分比

實際運算跳出率與離開率

以下假設一個情境讓各位讀者更能體會「跳出率」以及「離開率」之差異。

> 工作階段 1：網頁 A (離開)
> 工作階段 2：網頁 A → 網頁 B → 網頁 C → 網頁 A (離開)
> 工作階段 3：網頁 B → 網頁 C (離開)
> 工作階段 4：網頁 C (離開)

(1)「跳出率」指標計算方式

第一步，觀察哪些頁面有跳出現象發生。從上面四個工作階段中可以得知，只有在工作階段 1 以及工作階段 4 產生了單頁瀏覽的工作階段，也就是網頁 A 以及網頁 C 都各產生了一次跳出，因此各記為「1」，網頁 B 則記為「0」。

第二步，判斷各頁面分別出現在幾次的工作階段中。網頁 A 出現於工作階段 1 與 2，一共出現在兩次的工作階段中，因此記為「2」。網頁 C 出現在工作階段 1、2、3，一共出現在三次的工作階段中，故記為「3」。網頁 B 出現在工作階段 2 與 3，一共出現在兩次的工作階段中，因而記為「2」。

第三步，進行跳出率運算。對於網頁 A 而言，它的跳出率為 50% (1/2 × 100%)；對於網頁 B 而言，它的跳出率為 0% (0/2 × 100%)；對於網頁 C 而言，它的跳出率為 33% (1/3 × 100%)，以上步驟整理如圖 13-3 的表格。

	跳出	出現於工作階段次數	跳出率
網頁 A	1	2	1/2 × 100% = 50%
網頁 B	0	2	0/2 × 100% = 0%
網頁 C	1	3	1/3 × 100% = 33%

圖 13-3　跳出率計算

(2)「離開率」指標計算方式

第一步，觀察每個工作階段最後一個瀏覽頁面並進行記數。工作階段 1 與 2 都是以網頁 A 做為最後一個瀏覽頁面，因此網頁 A 記為「2」。工作階段 3 與 4 都是以網頁 C 做為最後一個瀏覽頁面，故網頁 C 記為「2」，而網頁 B 則記為「0」。

第二步，判斷各頁面分別出現在幾次的工作階段中。網頁 A 出現於工作階段 1 與 2，共出現在兩次的工作階段中，因此記為「2」。網頁 B 出現在工作階段 2 與 3，一共出現在兩次的工作階段中，故記為「2」。網頁 C 出現在工作階段 1、2、3，一共出現在三次的工作階段中，因而記為「3」。

第三步，進行離開率運算。對於網頁 A 而言，它的離開率為 100% (2/2 × 100%)；對於網頁 B 而言，它的離開率為 0% (0/2 × 100%)；對於網頁 C 而言，它的離開率為 66% (2/3 × 100%)，以上步驟整理如圖 13-4 的表格。

	工作階段尾頁記數	出現於工作階段次數	離開率
網頁 A	2	2	2/2 × 100% = 100%
網頁 B	0	2	0/2 × 100% = 0%
網頁 C	2	3	2/3 × 100% = 66%

圖 13-4 　離開率的計算

跳出率的解讀

　　跳出率高就代表這個網頁不好，不受到訪客的歡迎嗎？其實不必然。假如今天側錄網站只有單一網頁時，那麼就會發生跳出率等於 100% 之情況，因為訪客從該網頁進入側錄網站後，也必定得從該網頁離開。為了要讓跳出率這項指標在單一網頁的情況下也能夠客觀的進行記錄，這時可以透過一些方式增加訪客與側錄網站之間的互動判斷依據，有了依據，才不會無條件的被記錄於跳出率計算範疇內。

　　何謂互動呢？在 GA 中訪客與側錄網站互動的記錄方式主要有兩種，分別為網頁瀏覽以及網頁事件。網頁瀏覽指的是以瀏覽量為基礎，只要有切換網頁或是進行網頁重整的動作導致瀏覽量的增加時，即表示訪客與網站產生互動。不過若在側錄網站只有單一頁面基礎下，單以網頁瀏覽做為判定標準，就會出現跳出率 100% 問題。依照跳出率定義，只要在一次的工作階段內沒有超過 1 以上的瀏覽量就會被視為跳出，而在正常造訪行為下，訪客也不會刻意的透過網頁重整來增加他與側錄網站間的互動，因此以網頁瀏覽的互動來減緩跳出率計算誤差，並不是一個好選擇。

　　再看到「網頁事件」互動，由於事件所包含的範疇非常廣泛，舉凡文件下載、畫面滾動或是按鍵點擊等行為都可以視為事件觸發，故若能夠在單一網頁中觸發事件，將會使得 GA 認定訪客與側錄網站發生互動，也就不會將單一網頁的離開視為跳出，如此便可讓跳出率這項指標更具備分析意義。關於利用事件追蹤改變跳出率的計算，請參考祕訣 17.。

　　排除側錄網站只有單一頁面的可能性，跳出率過高是否真的是因為網頁內容不受到訪客歡迎呢？除了網頁內容之外，網頁性質也是影響跳出率高低的重要因素之一。假如跳出率高的網頁是一個擁有多個內部連結的側錄網站首頁，這肯定就不是件好事。首頁在一個網站中扮演著讓訪客分流的媒介，如果在此環節就斷開訪客與網站之間的聯繫，那這就不是個成功的網站。但若一個跳出率高的網頁屬於側錄網站的自身分頁時，這就未必是件壞事了。當一名訪客透過瀏覽器搜尋一組關鍵字，很幸運的直接進入到側錄網站分頁，並且成功的達成其瀏覽目的後直接離開側錄網站，在這種情況下，雖然造成該分頁有很高的跳出率，但卻也驗證該分頁的 SEO 堪稱完備。

　　綜合以上敘述，單看跳出率的高低與網頁的好壞，不一定會呈現正向關係，且數值上的高與低也會因網站性質不同而有所差異。讀者不妨試著利用其他指標，例如：網頁停留時間或是轉換率搭配著跳出率一併觀察，如此一來更能夠具體的表達跳出率這項指標的內涵。

離開率的解讀

　　在觀察離開率這項指標時，必須先把焦點轉移至訪客每次工作階段所造訪的最後一張頁面，既然會成為訪客眼中的淘汰頁，必定有其原因，就讓我們盡可能模擬導致訪客離開之原因。

　　先從側錄網站只有單一頁面的情況下談起，雖然在計算跳出率時能夠以增加網頁事件來觸發與側錄網站間的互動，使得跳出率計算符合定義且更加精確，不過離開率這項指標只會根據訪客是否有「離開」側錄網站的行為來當成計算依據，而非訪客是否有與側錄網站產生「互動」，因此在僅有單一頁面的側錄網站使用離開率這項指標是較沒有可信度的。

　　排除掉單一頁面可能性，導致特定頁面的離開率特別高之原因又是為何呢？如果拿個電子商務網站來做為舉例，在一個正常的購物流程中，訪客會先從購物網站首頁的搜尋框下關鍵字搜尋他所要的商品，接著從眾多同類型商品中查看詳細資訊，挑選出符合需求的商品後，將它放入購物車並進行結帳動

作，結帳完成後離開網站。在以上這種常見的購物流程中，結帳頁面屬於離開頁並且會被收錄在離開率計算範疇，但偏偏結帳頁面才是真正可能帶來收益的頁面，此時就會產生矛盾。

問題根本在於，有些頁面本身就具有結束頁之特性，例如：前面所提的結帳頁面或是表單送出畫面。因此當要使用離開率這項指標時，必須先排除掉具有強烈結束頁特性的頁面，使得要拿來進行比較的頁面處於同一個比較基準，例如：一個部落格中每一篇文章的每一個頁面就適合拿來進行比較，同時也可以搭配頁面停留時間這項指標合併觀察，如此便可利用停留時間長短來推測訪客離開頁面之原因。若停留時間短可能是網頁內容受到訪客排斥，但若停留時間長，那麼訪客勢必對於該頁內容感到興趣，即便是最後仍會從該頁面離站。

來源 vs. 媒介

- 流量來源的種類與樣貌
- 流量媒介的種類與樣貌
- 自訂來源及自訂媒介的操作

流量來源的種類

在 GA 中有一份報表用來表達訪客進入側錄網站前的資訊，透過這份報表可以得知兩件事：(1) 了解訪客從哪裡進入到側錄網站，(2) 了解訪客透過什麼方式進入網站，這份報表稱作來源／媒介報表。讀者可於圖 14-1 框線處的「客戶開發 → 所有流量 → 來源／媒介」進行檢視。

客戶開發	☐	1. google / organic	**362,474** (42.17%)
總覽	☐	2. youtube.com / referral	**190,301** (22.14%)
▼ 所有流量	☐	3. (direct) / (none)	**131,724** (15.32%)
管道	☐	4. mall.googleplex.com / referral	**45,499** (5.29%)
樹狀圖	☐	5. google / cpc	**40,709** (4.74%)
來源/媒介	☐	6. analytics.google.com / referral	**14,725** (1.71%)
參照連結網址	☐	7. Partners / affiliate	**14,283** (1.66%)

圖 14-1　來源／媒介報表

如圖 14-2 所示，從報表的第一欄可以得知每一筆流量都以斜線劃分成左右兩邊，斜線左半邊代表「來源」，斜線右半邊代表「媒介」，兩項維度之間的關係相輔相成，不過代表的含義略有不同。首先看到位於斜線左半邊的來源，這項維度說明了訪客經由什麼網站之引導而被帶進側錄網站，也就是此維度記錄著促使訪客進入側錄網站的來源，它通常有兩種表達方式，分別為搜尋引擎名稱以及網址名稱。

	來源/媒介 ⑦	客戶開發			行為
		工作階段 ⑦ ↓	% 新工作階段 ⑦	新使用者 ⑦	跳出率 ⑦
		50,978 % 總計: 100.00% (50,978)	64.14% 資料檢視平均值: 64.14% (0.00%)	32,698 % 總計: 100.00% (32,698)	35.31% 資料檢視平均值: 35.31% (0.00%)
☐	1. google / organic ❶	31,988 (62.75%)	62.01%	19,837 (60.67%)	36.07%
☐	2. (direct) / (none) ❸	13,743 (26.96%)	70.71%	9,718 (29.72%)	34.45%
☐	3. yahoo / organic	1,424 (2.79%)	59.69%	850 (2.60%)	30.41%
☐	4. tw.search.yahoo.com / referral	686 (1.35%)	54.66%	375 (1.15%)	26.82%
☐	5. m.facebook.com / referral ❷	661 (1.30%)	88.50%	585 (1.79%)	45.54%

圖 14-2 來源／媒介介紹

如框線①處所示，斜線的左邊為「google」，代表著有訪客透過 google 搜尋引擎進入側錄網站，框線②處斜線的左邊為「m.facebook.com」，代表著訪客來到側錄網站前是經由該網址帶入。除此之外，各位讀者應該不難發現在框線③處有一項來源既不是瀏覽器名稱，亦不是網址，而是英文的「direct」，又可以稱之為直接流量。

基本上「direct」代表的是使用者不透過任何媒介直接進入側錄網站，但是除此之外，還有很多例外狀況或是未知狀況也都會被算進 direct 維度值中。請參考以下這幾種會被記錄為 direct 的進站情形：

1. 輸入側錄網站的網址進站。

2. 點擊已儲存的瀏覽器書籤進站 (例如：Chorme 書籤、IE 我的最愛)。

3. 掃描 QR code 進站。

4. 從離線文件中點擊超連結進站 (例如：Word、PDF、Excel 文件)。

5. 從手機 Line APP 點擊超連結進站。

6. 從 E-mail 點擊超連結進站。

7. 從手機瀏覽器點擊 Facebook 連結進站。

透過來源這項維度的觀察，我們可以從眾多網站或是搜尋引擎的流量中，發覺哪些來源具有強烈吸引力，不過相對於搜尋引擎名稱，以網站網址做為流量來源識別時更具有意義，因為透過不同搜尋引擎進入側錄網站的行為著重於訪客使用習慣上的差異，但若是透過特定網站將訪客帶入側錄網站，則代表該網站具有提升側錄網站流量之潛力，是一項有效的引流來源。

流量媒介的種類

接著談到另一項維度「媒介」，這項維度說明了訪客進入側錄網站的方式，GA 預設的媒介有 none (無媒介)、organic (自然搜尋流量)、referral (推薦流量) 以及 cpc (關鍵字廣告流量)。

(1) none (無媒介)

由於媒介所要表達的是訪客進站方式，但每當訪客透過直接輸入網址 (direct) 而進入側錄網站時，此時的媒介就會以 none 來表達無媒介，也就是說 none 媒介都會伴隨著 direct 來源同時產生。

(2) organic (自然搜尋流量)

自然搜尋流量指的是透過瀏覽器搜尋關鍵字，並點擊非廣告查詢結果的進站方式，因此 organic 流量媒介通常伴隨著以瀏覽器名稱為基礎的流量來源同

時產生，例如：google/organic 代表該名訪客於 google 瀏覽器進行自然搜尋，yahoo/organic 代表該名訪客於 yahoo 瀏覽器進行自然搜尋。自然搜尋流量通常還會與 SEO 成效綁在一起討論，若一個側錄網站的 SEO 運作成功，訪客在輸入關鍵字後該網站就會被瀏覽器排序在較前面的搜尋結果，如此一來可以增加訪客進站機會而產生更多自然搜尋流量。

(3) referral (推薦流量)

推薦流量是指經由自身網域以外的網站推薦，進而引導訪客進入側錄網站的方式。因此 referral 這項流量媒介通常會搭配以網站網址為基礎的流量來源一起產生，也就是說明訪客經由哪一個網站引流進入側錄網站。例如：abc.com.tw/referral，代表訪客在 abc.com.tw 這個網站參訪時，點擊此網站中可連結至側錄網站的連結而進入側錄網站。產生推薦流量的原因有兩個：①自己主動推廣自己的網站，在 YouTube、社群、部落格等平台放上側錄網站的連結，希望經由這些平台將訪客導引進入側錄網站。②由他人幫忙分享網站連結，別人若認為自己的網站具有價值，而把側錄網站連結放上他的網站或部落格上，就容易產生推薦流量。因此排除掉上述第一種自我主動推廣情況，推薦流量與網站知名度就具有一定程度的關聯性。若從報表中發現很多推薦流量且其流量來源非常多元時，表示自己所經營的網站可能正受到大家熱烈討論。

(4) cpc (關鍵字廣告流量)

cpc 為 cost-per-click 的縮寫，字面上意思為單一點擊所需花費之成本，但在 GA 中，cpc 也是屬於流量媒介的一種，稱之為關鍵字廣告流量。cpc 這項維度通常伴隨著以瀏覽器名稱為基礎的來源維度同時產生，不同於自然搜尋是以 Google 演算法進行關鍵字搜尋結果排序且不需要付費，cpc 所突顯的是付費關鍵字廣告流量 (如圖 14-3 箭頭處 AdWords 所示)。因此若報表出現 google/cpc，代表訪客在 Google 瀏覽器中搜尋關鍵字，並且透過點擊付費型的關鍵字廣告進入側錄網站，也因此網站經營者得以藉由觀察 cpc 流量表現，得知自己花錢投資的關鍵字廣告是否有效的將訪客引流進站。

Google.com.tw - Google AdWords 廣告

 廣告 www.google.com.tw/AdWords ▼

提高企業在Google上的曝光率。 馬上開始，節省高達NT$1500的廣告金。
Types: Search Ads, Banner Ads, Video Ads, Mobile Ads, App Ads, Call-Only Ads
Services: Google AdWords, YouTube Video Ads, Google Display Network

Take The First Step
Learn How AdWords Works.
In Taiwan, Advertising Made Easy.

What Does It Cost?
Set Your Own Advertising Budget.
Pay Only When Your Ad Is Clicked.

Why Choose Us
Start on AdWords Taiwan Today.
We'll Help You Get Set Up - Free.

How It Works
Be Found In More Google Searches.
Advertise Locally or Globally.

圖 14-3　AdWords 關鍵字廣告

自訂來源與媒介

　　來源這項維度在預設情況下有三種表達方式，分別為瀏覽器名稱、網站網址以及 direct 字串，而媒介這項維度值有四種預設值，分別為 none、organic、referral 以及 cpc，在不更改原始設定狀況下，來源／媒介的搭配通常只有以上這幾種表達方式，不過像是維度值 direct/none 同時代表著好幾種不同情況時，要如何做出區別呢？這時候就要自行定義來源與媒介名稱，藉此呈現更具深度的來源／媒介報表，以下將帶領各位讀者進行自訂來源以及自訂媒介的操作。

　　首先進入 Google 提供的網址產生器，進行參數新增 (https://ga-dev-tools.appspot.com/campaign-url-builder/)，如圖 14-4 所示。

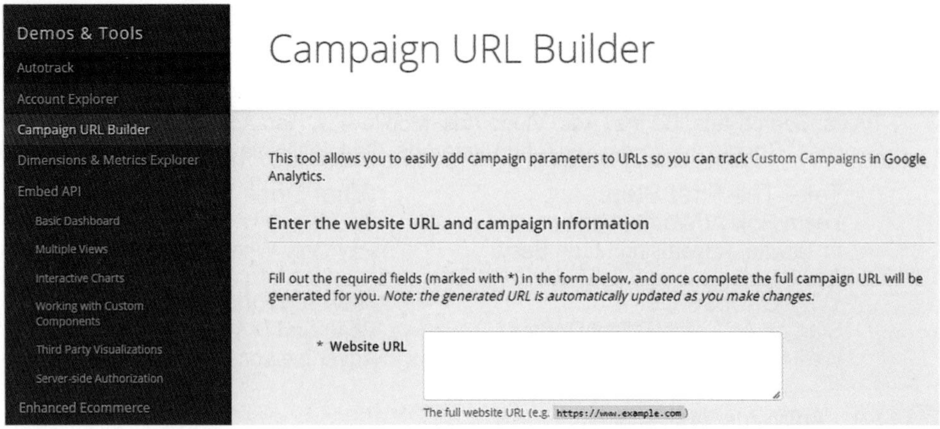

圖 14-4　網址產生器

　　再來可以從圖 14-5 的畫面中看到六個設定項目，分別為網站網址 (Website URL)、活動來源 (Campaign Source)、活動媒介 (Campaign Medium)、活動名稱 (Campaign Name)、活動期限 (Campaign Term) 以及活動內容 (Campaign Content)，其中網站網址以及活動來源這兩個項目為必填項目，項目前方以一個星號標示。在框線①處，需填入的是側錄網站之完整網址，而完整網址的定義是必須包含有 http 或 https 字串。再來看到框線②處，這裡需填入的是活動來源，也就是自訂來源值。舉個例子來說，假如在自己的部落格放上側錄網站連結，在原本預設情況下，會記錄來源名稱為部落格網址，透過自訂來源之設定，可以將複雜網站網址轉換成為簡而易懂的來源名稱，例如：「My Blog」，因此將此項目設定為「My Blog」。

　　接著看到框線③處，這裡需填入的是活動媒介，也就是自訂媒介值，雖然這是一個選填項目，不過它也是主角之一。再舉個例子來說，假如我想要記錄訪客掃描 QR code 後帶入側錄網站的行為，在原本預設的情況下，活動媒介僅會記錄「none」，不過透過自訂媒介的設定，可以將符合此情境的流量獨立出來記錄，例如：「QR code」，因此將此項目設定為「QRcode」。至於框線④處的活動名稱、活動字詞以及活動內容，就由讀者自行判斷是否填寫。

圖 14-5　網址產生器參數設定

在所有參數都設定完成後，我們便可從圖 14-6 框線處取得加入參數後的側錄網站網址。從這段網址中可以發現「utm_source」參數後方帶著自訂來源值、「utm_medium」參數後方帶著自訂媒介值。由此可知，一項活動其來源值及媒介值的記錄，主要就是由這兩項參數來標記。

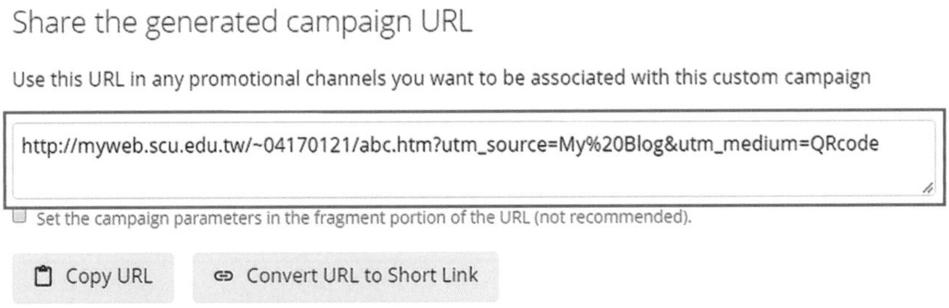

圖 14-6　取得加入參數後的網址

了解自訂來源及自訂媒介與參數之間的關係之後，接著來到 QR code 產生器 (http://www.qr-code-generator.com) 進行 QR code 的產出 (如圖 14-7 所示)。操作方式如下：在框線①處填入包含來源及媒介參數的側錄網站網址，並點選框線②處的「Create QR Code」產生 QR code，此時會在畫面右方的框線③出現製作完成的 QR code。

這時讀者不妨試著拿起手機掃描自己製作好的 QR code，接著回到 GA 平台於「即時 → 流量來源」檢視自訂來源值及自訂媒介值，如圖 14-8 紅框處所示。藍框處即可看到來源的位置顯示「My Blog」，媒介的位置顯示「QRcode」。

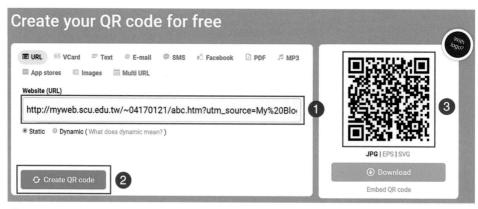

圖 14-7　製作 QR code

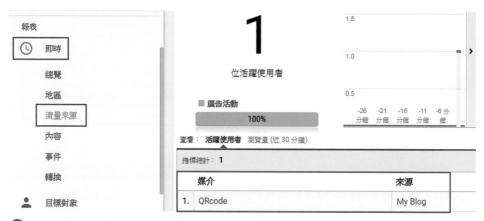

圖 14-8　透過即時報表觀測流量來源與媒介

平均網頁停留時間 vs. 平均工作階段時間長度

從本章可以學到

- GA 的時間戳記原理
- 為何平均網頁停留時間出現零分鐘？
- 平均工作階段時間長度的計算

GA 記錄時間的方式

圖 15-1 是一個包含了「平均網頁停留時間」(Time on page) 以及「平均工作階段時間長度」(Session Duration) 兩個指標的自訂報表，讀者可以從中發現這兩項指標雖然名稱相近，不過內容數值卻是天差地遠，究竟這兩個指標運作方式為何？又該如何區分？

平均網頁停留時間 ?	平均工作階段時間長度 ?
00:01:47 資料檢視平均值: 00:01:47 (0.00%)	00:02:51 資料檢視平均值: 00:02:51 (0.00%)

圖15-1　平均網頁停留時間與平均工作階段時間長度

要區分「平均網頁停留時間」以及「平均工作階段時間長度」兩個指標的不同，首先得理解 GA 記錄時間的方式。GA 在計算時間的過程與碼表原理不

同,它不會在訪客進入網頁時按下碼表,等到訪客離開網頁後結束碼表計時。反之,GA 是以「戳記」方式記錄訪客進入網頁的時間點,每當訪客進入一個側錄網站的頁面時,GATC 就會給予訪客一個進站時間戳記。舉個例子來說,假設側錄網站中有網頁 A、網頁 B 以及網頁 C。訪客首先在 8:00 進入了網頁 A,這時 GA 就會記錄第一筆資料說明訪客於 8:00 進入網頁 A。接著訪客於網頁 A 停留了五分鐘後點擊站內連結於 8:05 來到網頁 B,此時 GA 就會記錄第二筆資料說明訪客於 8:05 進入網頁 B。在網頁 B 中停留了五分鐘後又點擊了站內連結於 8:10 進入網頁 C,此時 GA 就會記錄第三筆資料說明訪客於 8:10 進入網頁 C,在網頁 C 停留了十分鐘後訪客最後於 8:20 離開側錄網站。在以上情境中,GA 分別記錄了網頁 A、B、C 的進站時間點共計三筆記錄 (如圖 15-2 所示),接下來 GA 就會依據這三筆流量用不同的計算方式產生「平均網頁停留時間」以及「平均工作階段時間長度」。

圖 15-2 　網頁停留時間運作示意

平均網頁停留時間

　　由於 GA 只能戳記訪客的「進站時間點」,所以網頁停留時間是透過後一頁的進站時間點扣除前一頁的進站時間點得知,因此就上面的例子,對網頁 A 而言,它的網頁停留時間計算方式為「進入網頁 B 時間點」扣除「進入網頁 A 時間點」,也就是「8:05 扣掉 8:00」,所以網頁 A 的網頁停留時間為五分鐘。對網頁 B 而言,以此類推,它的網頁停留時間計算方式為「進入網頁 C 時間點」扣除「進入網頁 B 時間點」,也就是「8:10 扣掉 8:05」,所以 B 網

頁停留時間亦為五分鐘。

　　不過對於網頁 C 而言，就並非如此，因為網頁 C 是此次造訪的離站頁，因此在計算它的網頁停留時間時缺乏了後一頁的進站時間點，也就會變成「？扣掉 8:10」，所以網頁 C 網頁停留時間被記為零秒。綜合以上說明，訪客此次造訪總共停留了網頁 A 的五分鐘加上網頁 B 的五分鐘，總共為十分鐘，雖然訪客實際上於網頁 C 中也停留了十分鐘，不過 GA 卻無從得知。「平均網頁停留時間」的計算公式為「停留時間加總／（總造訪頁數－離站頁）」，也就是「10min / (3pages-1page) = 5min / page」，即平均網頁停留時間為五分鐘。

平均工作階段時間長度

　　在計算平均工作階段時間長度時，同樣需要用到網頁停留時間的觀念。這項指標的計算公式為「網頁停留時間加總 / 工作階段總數」，位於分子的「網頁停留時間加總」就以上的舉例仍然為 10 分鐘，不過位在分母的「工作階段總數」就必須依照分析者所設定的「工作階段時間長度」來計算，設定方式請參考祕訣 12.。

　　假設工作階段逾時長度設定為三分鐘，即使某位訪客的網頁停留總時長為十分鐘，但這時也必須根據訪客在十分鐘之內產生的工作階段逾時次數來計算平均工作階段時間長度這項指標。假設該名訪客在十分鐘之內觸發了 2 次工作階段逾時，產生了 3 次工作階段次數，這時平均工作階段時間長度的計算方式為「10 min / 3 次 = 3.3 min / 次」。綜合以上敘述，相信各位讀者已經觀察到目前計算出的平均工作階段時間長度為 3.3 分鐘，它與平均網頁停留時間具有相當大的差異。

改善 GA 記錄時間不精準的問題

　　在了解「平均網頁停留時間」以及「平均工作階段時間長度」兩項指標的計算方式之後，我們可以得知 GA 在記錄時間時，常常會與實際狀況有所出

入,問題就出在 GA 無法記錄訪客離站頁面的網頁停留時間,像這樣不精準的指標數值在分析上還具有意義嗎?為能有效解決這個問題,我們可以在離站的頁面中加入「事件」,使 GA 得以判斷訪客與該離開頁面產生了互動,如此一來就能夠記錄到離站頁的網頁停留時間了,詳細內容及操作請參考祕訣 17.。

3 功能操作篇

GA 的功能既多元又複雜，在預設情境下雖已讓人大開眼界，但其實進階功能更會讓人感到嘆為觀止。在「功能操作篇」中，筆者會詳細的帶領各位讀者操作 GA 各項基礎設定及進階設定。此外，針對該功能設定上可能遭遇的問題也予以解惑，如此一來，當各位讀者學會如何客製化的進行 GA 設定後，後續報表的產出就能夠更精確，更符合分析者需求。本篇內容包含：

- 如何使用預先定義篩選器及自訂篩選器？
- 如何排除浮動 IP 流量？
- 如何查找並排除自身流量？
- 如何在報表中呈現完整網址 (主機名稱 + 附屬目錄名稱)？
- 垃圾流量怎麼找？
- 為何設定好篩選器後，卻可能沒有流量產生？

關於篩選器

　　GA 有一項功能稱為篩選器 (Filter)，它的運作屬於 GA 運作四大環節中的條件配置。如同濾水壺一般，篩選器能夠將雜質排除並過濾出乾淨的飲用水，因此透過篩選器的設定，可以將如同雜質般的流量雜訊排除，僅保留分析者所需之流量。

　　然而篩選器是一把雙面刃，它同時擁有「排除」流量及「保留」流量的功能，其通常會在兩個情況下被使用：(1) 排除自我流量，在一個由團隊經營的網站中，專案人員頻繁的進出自己的網站是在所難免，不過這樣的情況將會劇烈影響流量計算，造成許多分析指標產生誤差，因此通常分析者會透過篩選器「排除」自我瀏覽的流量。(2) 查看特定流量，對於一個流量平均分布於世界各地的國際大型網站來說，若今日分析者想要獨立查看特定地區之流量表現，例如：亞洲、北美洲，甚至要更具體的指出例如：美國或日本的流量，即可透過篩選器「保留」特定流量。

　　篩選器的功能雖然強大，不過它具有不可回溯性，一旦經由篩選器排除過後的流量就無法再復原，因此在使用篩選器之前，建議先建立一個新的資料檢視，才不會影響原本的母體流量。除此之外，篩選器的運作會在設定完成後的 24 小時之內生效，從生效的那一刻起，才開始具備流量篩選功能，故在設定篩選器之前的流量不會受到篩選器的影響，仍然保留著完整流量。

篩選器設定頁面

　　「篩選器」的功能隸屬於資料檢視層，進入 GA 管理員之後，可在資料檢視層中找到「篩選器」設定，如圖 16-1 框線處所示。

圖 16-1　篩選器的位置

　　點擊「篩選器」之後，進入圖 16-2 篩選器列表畫面，此處用來儲存已設定好的篩選器。此外，看到列表藍框處的「評級」，這一項目說明篩選器的設定其實有先後順序之分，評級較前面的會優先被採用。例如：評級 1 的篩選器用途為排除北美洲流量，評級 2 的篩選器用途為保留加拿大流量，此設定將導致評級 2 的篩選器運作受阻，因為來自加拿大流量早已於評級 1 的篩選器中被排除。了解篩選器的運作以後，點擊畫面紅框處的「+新增篩選器」，便可開始設定篩選器。

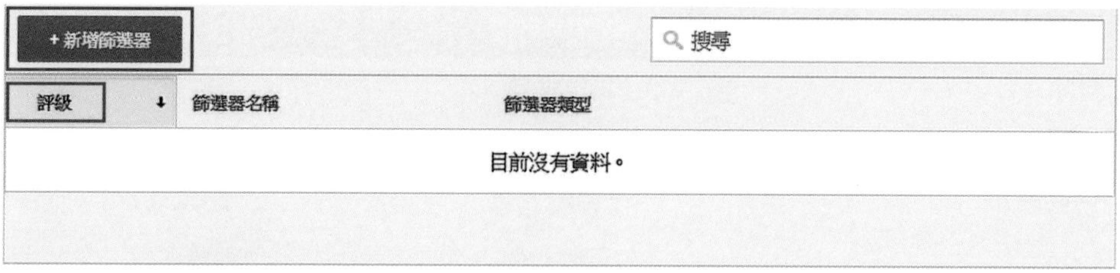

圖 16-2　篩選器列表

　　進入篩選器設定畫面，如圖 16-3 所示。首先看到藍框處的篩選器類型擁有兩個項目，分別為「預先定義」篩選器以及「自訂」篩選器。預先定義篩選器是指 GA 已規劃好的模組式篩選器，與自訂篩選器的主要差異在於它的設定較為便利且快速。此外，選擇不同篩選器類型將會看見不同的設定畫面，圖 16-3 先以預先定義篩選器做為舉例。紅框①處用來命名篩選器，紅框②處用來進行篩選器細部設定。其中篩選器的細部設定包含了三個設定項目，由左至右分別為選取篩選器類型、選擇來源或目標，以及選擇運算式。若將設定項目全部展開，會是一個如圖 16-4 所示的組合。

圖 16-3　預先定義篩選器

篩選器類型	來源與目標	選擇運算式
排除	ISP 網域	等於
	IP 位址	開頭為
只包含	子目錄流量	結尾為
	主機名稱	包含

圖 16-4　預先定義篩選器設定選項列表

預先定義篩選

(1) 來源與目標：ISP 網域

ISP (Internet Service Provider) 為網際網路服務供應商，也就是提供網路服務的公司，若要在 GA 報表中查看 ISP 流量，可至「目標對象 → 技術 → 聯播網」，如圖 16-5 框線處所示。

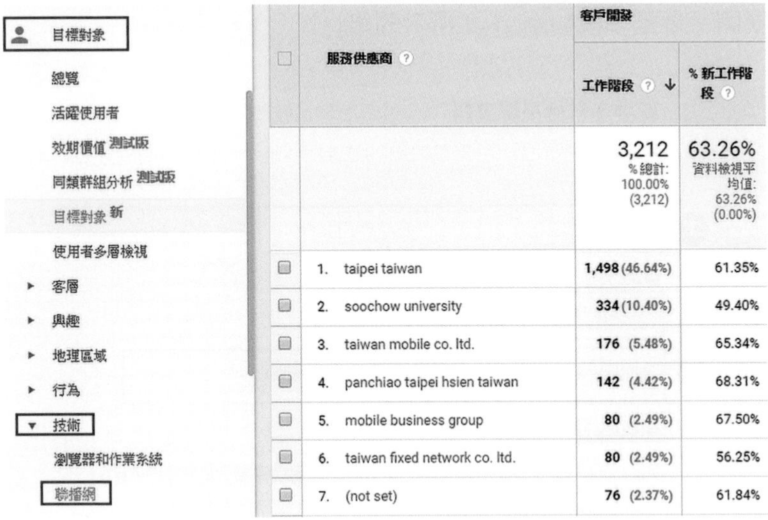

圖 16-5　ISP 流量

不過篩選器設定中的 ISP 網域卻與之無關，讀者千萬不要被「ISP」的意思所混淆，在篩選器中的 ISP 網域所指的其實就是網域名稱；換言之，若選

取 ISP 做為篩選器的排除對象，分析者必須在設定的空格內填寫網域名稱。例如：分析者今日若欲排除所有來自於 abc 公司的流量 (公司完整網址為 http://www.abc.com.tw)，這時請使用篩選器排除流量的功能，設定畫面如圖 16-6 所示，由於只能填寫「網域」，因此空格內僅能填入「abc.com.tw」。

篩選器名稱

排除abc公司流量

篩選器類型

| 預先定義 | 自訂 |

| 排除 ▾ | 來自 ISP 網域的流量 ▾ | 等於 ▾ |

ISP 網域

abc.com.tw

☐ 區分大小寫

圖 16-6　預先定義篩選器——ISP 網域

(2) 來源與目標：IP 位址

根據 IP 位址篩選流量通常用於排除自我流量。我們可以透過 IP 位址查找網站 (http://myip.com.tw) 取得自己目前的 IP 位址，如圖 16-7 所示。

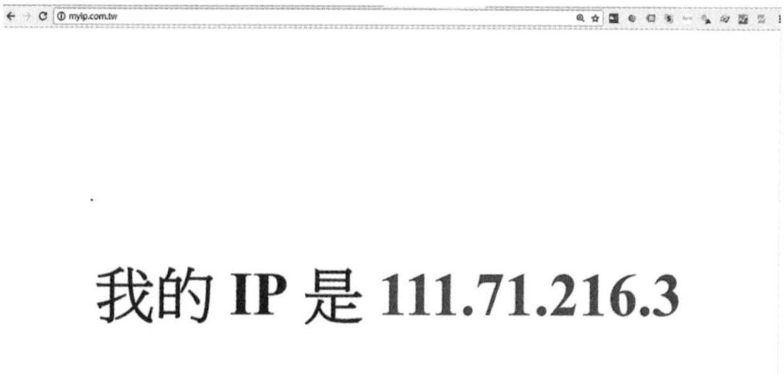

我的 IP 是 111.71.216.3

圖 16-7　自我 IP 位址查找

　　查詢完成後，只需在篩選器設定空格內填入自己的 IP 位址，即可將自己的流量透過篩選器排除 (設定畫面如圖 16-8)，這時使用了篩選器「排除」流量的功能，不過以上這種做法僅適用於單一固定 IP 的情況。

篩選器名稱

排除自我流量

篩選器類型

預先定義　　自訂

排除　▼　　來自 IP 位址的流量　▼　　等於　▼

IP 位址

111.71.216.3

圖 16-8　預先定義篩選器──IP

　　那麼該如何對付浮動 IP 呢？絕大部分的個人電腦都屬於浮動 IP，電腦重新開機後，IP 就會變動，遇到這種情形時，我們就無法再透過篩選器進行自我流量的排除，不過 Google 官方提供了一個外掛程式稱為「Google Analytics 不透露資訊外掛」，這個外掛可使瀏覽器在讀取網頁的過程中，自動略過 GATC 的讀取，來阻擋資料回傳至 GA 伺服器，只不過在使用不同瀏覽器或是不同電腦時，皆需再重新安裝此外掛程式，安裝方式如下：進入Chrome 瀏覽器，點選圖 16-9 框線處的「自訂及管理 (右上角三個點) → 更多工具 → 擴充功能」。

圖 16-9　Google Analytics 不透露資訊外掛 (1)

接著請點選圖 16-10 框線處的主選單，再點擊圖 16-11 框線處的「開啟 Chrome線上應用程式商店」。

圖 16-10　Google Analytics 不透露資訊外掛 (2)

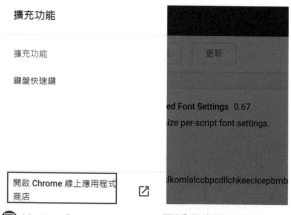

圖 16-11　Google Analytics 不透露資訊外掛 (3)

在圖 16-12 框線①處的 Chrome 線上應用程式商店搜尋框中輸入「Google Analytics 不透露資訊外掛程式」，並點選框線②處的「加到Chrome」。

圖 16-12　Google Analytics 不透露資訊外掛 (4)

安裝完成後，即會在畫面右上角處出現如圖 16-13 框線處的圖標，此時外掛程式的功能也已經啟動，因此從當下的電腦及瀏覽器再次進入側錄網站，流量並不會被捕捉，間接排除了自身的浮動 IP。

⊞ 16-13　Google Analytics不透露資訊外掛 (5)

(3) 來源與目標：子目錄流量

　　若要將一個網站中的某子目錄流量獨立出來進行觀察，這時來源與目標的選項就要選擇「子目錄流量」。舉例來說，假設自己網站的主網域為 abc.com.tw，在它之下包含了三個子網域，分別為部落格區 abc.com.tw/blog/、圖片區 abc.com.tw/picture/ 以及影片區 abc.com.tw/video/，此時分析者若只想要單獨查看關於部落格區的流量，可在子網域流量的填寫空格內輸入「/blog/」，便能夠將此子網域流量篩選出來 (設定畫面如圖 16-14)，此時就使用了篩選器「保留」流量的功能。

篩選器名稱

獨立/blog/流量

篩選器類型

| 預先定義 | 自訂 |

| 只包含 ▼ | 子目錄獲得的流量 ▼ | 等於 ▼ |

子目錄

/blog/

☐ 區分大小寫

⊞ 16-14　預先定義篩選器 (子目錄流量)

(4) 來源與目標：使用主機名稱

主機是一個網站建立的核心，可以透過向電信公司承租，也可以使用免費架站平台來取得，而每一台主機都有名字，稱之為主機名稱。若要在 GA 平台中查看主機名稱的流量，可至「目標對象 → 技術 → 聯播網」報表，並切換主要維度為「主機名稱」來查看，如圖 16-15 框線處所示。不過此報表中的主機名稱是指被訪客造訪之主機名稱，而非訪客來源之主機名稱，因此通常這裡呈現的是側錄網站本身之主機名稱，例如：報表中第一列流量「sites.google.com」說明該側錄網站是使用 Google 架站平台建立。

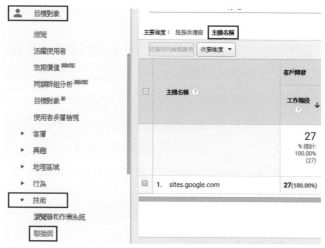

圖 16-15　預先定義篩選器—主機名稱 (1)

而篩選器中的主機名稱指的是訪客來源的主機名稱，因此上述主機名稱報表中的維度值並不適合拿來參考。不過舉個例子來說，假設今日分析者欲排除來自於競爭對手 abc 公司的流量 (完整網址為 http://www.abc.com.tw)，此時便可使用篩選器排除流量的功能，設定畫面如圖 16-16 所示，由於只能填寫「主機名稱」，因此空格內僅能填入「www.abc.com.tw」。

篩選器名稱

排除abc公司流量

篩選器類型

預先定義　自訂

排除　▼　　主機名稱獲得的流量　▼　　等於　▼

主機名稱

www.abc.com.tw

圖 16-16　預先定義篩選器──主機名稱 (2)

自訂篩選器

　　「自訂篩選器」擁有相當大的設定彈性，可以幫助分析者篩選出更精確的流量。它的設定畫面如圖 16-17 所示，其中框線①處用來命名篩選器，框線②處用來選擇自訂篩選器功能，分別有「排除」、「包含」、「小寫」、「大寫」、「搜尋與取代」以及「進階」，其中「排除」及「包含」的功能於預先定義篩選器中已經操作過，接下來要介紹「小寫」、「大寫」、「搜尋與取代」以及「進階」操作。

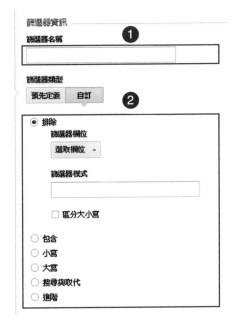

圖 16-17　自訂篩選器

(1) 小寫或大寫

選擇「小寫」或「大寫」的目的即是要將所有篩選器欄位中的流量，統一篩選成以小寫或大寫來記錄，由於有些網站的網址會穿插著大寫及小寫字母，訪客透過輸入網址進入該網站時，難免會有大小寫打錯的狀況產生，雖然同樣能夠順利的進入網站，不過對於 GA 而言，流量卻是黑白分明的記錄。例如：對於訪客而言，不管是輸入 abc.com.tw 或是 Abc.com.tw，皆能夠進入同一個網站頁面，不過 GA 會將其記錄為兩筆獨立的流量，這樣累積起來，報表將會變得相當凌亂，因此透過自訂篩選器，能夠將這兩筆有大小寫之差的流量合併為一筆流量來記錄。若以「小寫」做為舉例並將篩選器欄位選擇「請求URI」，之後所有蒐集到有關網址的流量資訊將會統一以小寫記錄，設定畫面如圖 16-18，若使用「大寫」功能也是相同概念。

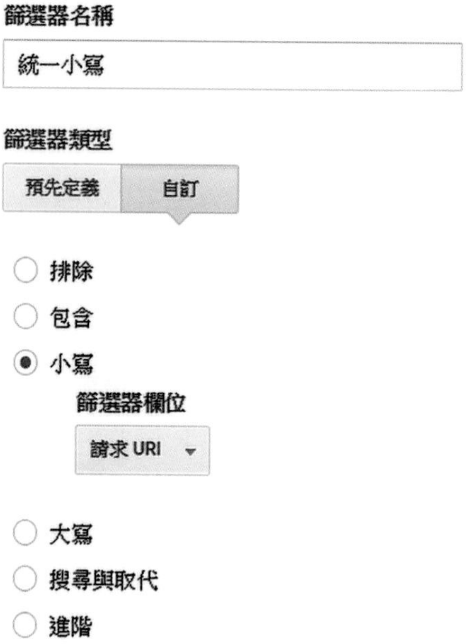

篩選器名稱

統一小寫

篩選器類型

預先定義　自訂

○ 排除
○ 包含
● 小寫

　　篩選器欄位

　　請求 URI ▾

○ 大寫
○ 搜尋與取代
○ 進階

圖16-18　自訂篩選器 (小寫)

(2) 搜尋與取代

選擇「搜尋與取代」功能的
目的，是將特定流量內容取代成
為另一組流量內容。各位讀者是
否曾經使用過 Word 的「尋找及
取代」功能呢？只要填寫好要被
取代的內容與取代後的內容之
後，Word 就會自動進行尋找以
及取代的動作，例如：我想把
Word 中的內容「小明」全部改
為「Jack」，使用這項功能可以
立刻全部轉換完畢。

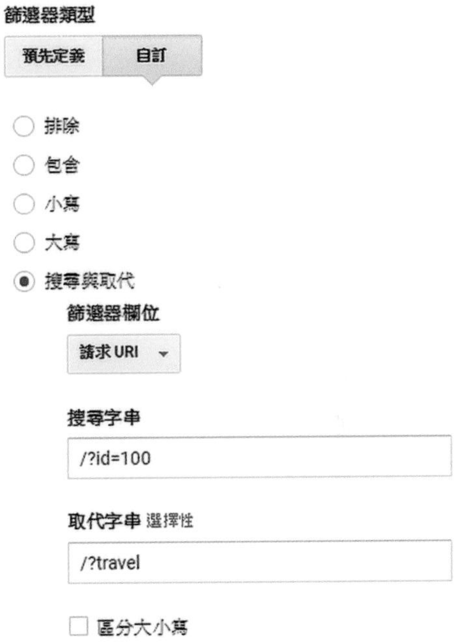

篩選器中的搜尋與取代也有
異曲同工之妙，它包含了篩選器
欄位、搜尋字串以及取代字串三
個設定項目。假如今日在報表上
顯示一個網頁網址為「abc.com.

圖 16-19　自訂篩選器 (搜尋與取代)

tw/?id=100」，分析者在看到這串網址的當下肯定很頭痛，因為無法直接理解
這編號 100 的網頁到底屬於哪一頁，因此若該頁面是介紹旅遊資訊的網頁，分
析者就可以透過篩選器的搜尋與取代功能，將原本顯示於報表中的網址更改為
簡單而易分辨的網址，例如：「abc.com.tw/?travel」。以上情境設定如下：篩
選器欄位選擇「請求 URI」，搜尋字串的空格內填入「/?id=100」並於取代字
串的空格內填入「/?travel」，設定畫面如圖 16-19。

(3) 進階

在使用篩選器之進階功能前，各位讀者可以先來到 GA 平台的「行為 →
網站內容 → 所有網頁」報表，如圖 16-20 紅框處所示。其中藍框處的流量顯
示「/」代表網站首頁，若要使它能夠呈現完整網址，這時可以使用篩選器的
「進階」功能。

圖 16-20　所有網頁報表

一個網頁完整的網址是由「主機名稱」以及「子目錄名稱」所組成，不過
GA 在預設狀況下僅會顯示網址的子目錄名稱，甚至記錄到首頁流量時就僅顯
示「/」，因此接下來我們要透過「進階」功能將主機名稱以及子目錄名稱合
併，使報表能夠呈現完整網址。

設定畫面如圖 16-21 所示，欄位 A 選擇為「請求 URI」、欄位 B 選擇為
「主機名稱」、建構函式欄位選擇為「請求 URI」。接下來其餘的空格皆為運
算式，這時就必須倚賴 GA 所支援的規則運算式 (Regular Expression) 來描述篩
選規則。規則運算式是利用特定字元排列來下達指令，幫助 GA 能夠進行彈性
的條件設定。現在為了將子目錄名稱以及主機名稱「完整的取得後合併」，因
此欄位 A 以及欄位 B 的運算式中請填入「(.*)」，這串運算式代表「取得所有
完整內容」。而為了讓最後的流量按順序呈現「欄位 B 資料 + 欄位 A 資料」

的形式，建構函式的運算式需填寫「$B1$A1」，至於 A 與 B 後方的數字代表從欄位運算式取得的變數計數，由於在此範例中的 A 欄位與 B 欄位其運算式皆僅有「(.*)」一項變數，因此建構函式運算式中的數字為「1」。綜合以上說明，假如有一筆流量原本呈現的子目錄名稱為「/blog/page1」，主機名稱為「abc.com.tw」，透過進階篩選器介入後，該流量的形式就會變成「abc.com.tw/blog/page1」，如此便能夠呈現出完整的網址，至於「/」主畫面的流量就會被「abc.com.tw」所取代。

篩選器資訊

篩選器名稱

合併子目錄名稱及主機名稱

篩選器類型

預先定義　自訂

○ 排除
○ 包含
○ 小寫
○ 大寫
○ 搜尋與取代
◉ 進階
　欄位 A -> 擷取 A
　請求 URI ▾　(.*)

　欄位 B -> 擷取 B
　主機名稱 ▾　(.*)

　輸出至 -> 建構函式
　請求 URI ▾　$B1$A1

　☑ 必須填寫欄位 A
　☐ 必須填寫欄位 B
　☑ 覆寫輸出欄位
　☐ 區分大小寫

圖 16-21　自訂篩選器 (進階)

垃圾流量的判讀

在了解篩選器每一項功能的操作後，接下來就要擁有判斷流量是否該被剔除之能力，也就是辨識垃圾流量。垃圾流量的出現，容易使報表變得混亂，甚至造成解讀上之不便，因此需要盡速予以排除。不過到底該如何斷定一筆流量是否為垃圾流量呢？接下來，我們可以透過觀察幾種報表來找尋垃圾流量的蹤跡。

(1) 以主機名稱報表判斷

取得主機名稱報表的位置為「目標對象 → 技術 → 聯播網」，且要將主要維度切換為「主機名稱」，如圖 16-22 紅框處所示。此報表中的主機名稱其意義為「被訪客造訪網頁的主機名稱」，因此在正常情況下，就只會產生側錄網站本身的主機名稱。以圖 16-22 的報表為例，該側錄網站是使用 Google 架站平台創建，因此主機名稱是「sites.google.com」，列舉於報表中的第一列，接下來其餘的流量就屬於垃圾流量，如藍框處所示。這時候可以透過篩選器設定，將主機名稱等於「sites.google.com」的流量保留，其餘垃圾流量即會被排除。

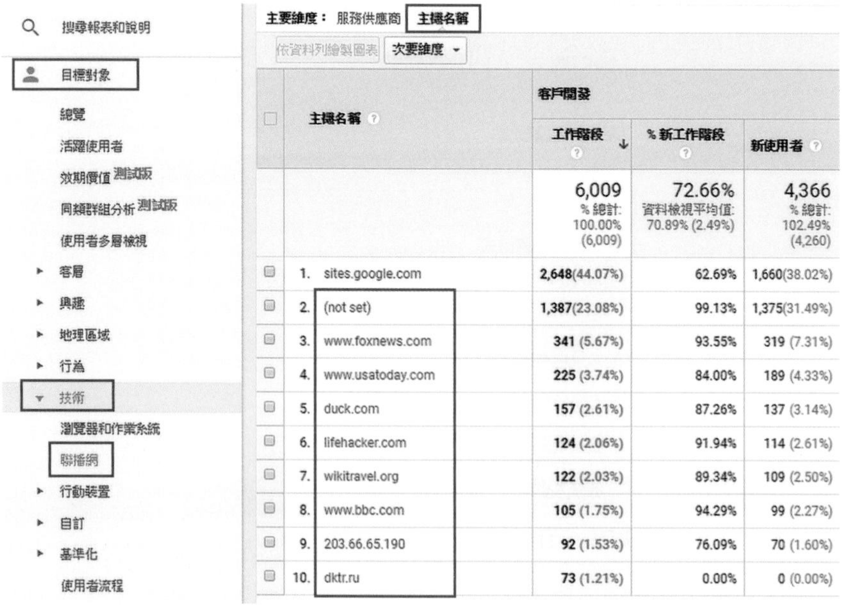

主機名稱	客戶開發：工作階段	% 新工作階段	新使用者
	6,009 % 總計: 100.00% (6,009)	72.66% 資料檢視平均值: 70.89% (2.49%)	4,366 % 總計: 102.49% (4,260)
1. sites.google.com	2,648(44.07%)	62.69%	1,660(38.02%)
2. (not set)	1,387(23.08%)	99.13%	1,375(31.49%)
3. www.foxnews.com	341 (5.67%)	93.55%	319 (7.31%)
4. www.usatoday.com	225 (3.74%)	84.00%	189 (4.33%)
5. duck.com	157 (2.61%)	87.26%	137 (3.14%)
6. lifehacker.com	124 (2.06%)	91.94%	114 (2.61%)
7. wikitravel.org	122 (2.03%)	89.34%	109 (2.50%)
8. www.bbc.com	105 (1.75%)	94.29%	99 (2.27%)
9. 203.66.65.190	92 (1.53%)	76.09%	70 (1.60%)
10. dktr.ru	73 (1.21%)	0.00%	0 (0.00%)

圖 16-22 主機名稱報表

(2) 以語言報表判斷

取得語言報表的位置為「目標對象 → 地理區域 → 語言」，如圖 16-23 紅框處所示。從此報表中可以很明顯的分辨哪些屬於垃圾流量，因為在預設狀況下的語言皆是用簡寫來表達，例如：英文為「en」、法文為「fr」，因此若在報表中出現字詞過長的流量或是亂碼，就屬於垃圾流量 (藍框處為垃圾流量)。相同的，我們可以將所要的語言透過篩選器保留，並且將不要的語言予以排除。

	語言	工作階段 ↓	% 新工作階段	新使用者
		6,009 % 總計： 100.00% (6,009)	72.66% 資料檢視平均值： 70.89% (2.49%)	4,366 % 總計： 102.49% (4,260)
1.	zh-tw	2,567(42.72%)	61.82%	1,587(36.35%)
2.	(not set)	1,369(22.78%)	98.54%	1,349(30.90%)
3.	Secret.google.com You are invited! Enter only with this ticket URL. Copy it. Vote for Trump!	638(10.62%)	66.46%	424 (9.71%)
4.	en-us	600 (9.99%)	47.67%	286 (6.55%)
5.	Vitaly rules google ☆·˖ ⁺⁺·₊·ヽ (^◡^)/·* ·*₊·˖☆ ヽ(ツ)ノ ¯`(ಠ益ಠ)(ಠ_ಠ)(O_O)ლ(ಠ_ಠლ)(ʘ‿ʘ)ヽ(`Д´)ﾉ;¬_¬;(=^·^=)oO	240 (3.99%)	83.33%	200 (4.58%)
6.	ru	176 (2.93%)	83.52%	147 (3.37%)
7.	en	137 (2.28%)	100.00%	137 (3.14%)
8.	o-o-8-o-o.com search shell is much better than google!	105 (1.75%)	94.29%	99 (2.27%)
9.	life.ru/t/%D1%82%D0%B5%D1%85%D0%BD%D0%B0%B%D0%BE%D0%B3%D0%B8%D0%B8/970904/vladieliets_domiena_googlecom_obvinil_google_inc_v_naghloi_lzhi	34 (0.57%)	73.53%	25 (0.57%)
10.	Google officially recommends o-o-8-o-o.com search shell!	28 (0.47%)	85.71%	24 (0.55%)

圖16-23　語言報表

(3) 以來源報表判斷

取得來源報表的位置為「目標對象 → 所有流量 → 來源／媒介」，且要將主要維度切換為「來源」，如圖 16-24 紅框處所示。要從這份報表中判斷出垃圾流量有以下幾個重點：(1) 跳出率等於 0% 或是 100%。(2) 新工作階段百分比異常的高。(3) 平均工作階段時間長度異常的低。以上這三種流量皆很難透過正常的造訪流程產生，故可將其視為垃圾流量。例如：藍框①處與藍框②處

的流量其跳出率為 100%，且平均工作階段時間長度為 0 秒，因此可判定該來源為垃圾流量；此外，藍框③處的流量其跳出率為 0% 且平均工作階段長度也異常的低，因此也可判定其為垃圾流量，將這些流量排除後，即可以增加流量準確性。

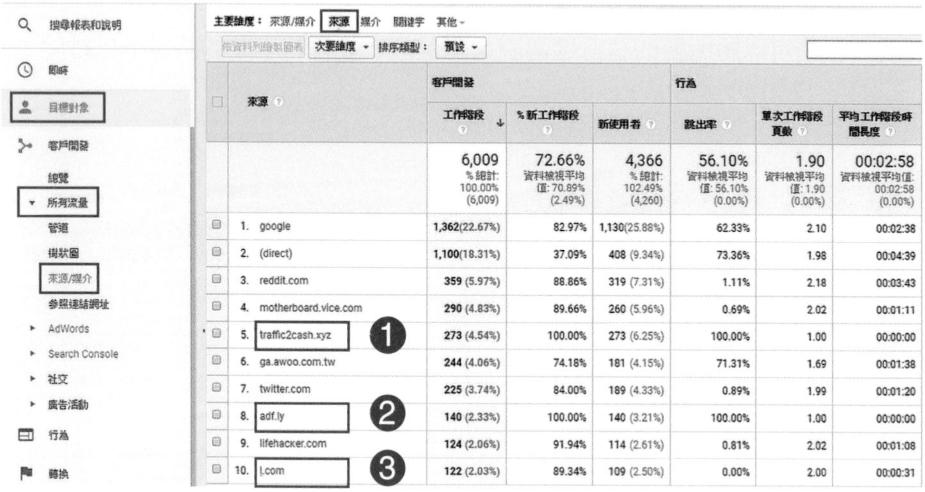

圖 16-24　來源報表

(4) 來源 + 地區

　　除了查看單一維度的報表以外，也可以搭配其他次要維度一併觀察。例如：在來源報表加上次要維度「國家／地區」，如圖 16-25 紅框處所示。若在一個國內網站出現很多來自於國外流量時，就該抱持懷疑的態度去觀察這些國外流量，尤其是來自於「俄羅斯」的流量，幾乎有 80% 屬於機器人或是非人為操作的垃圾流量，如藍框處所示。此外，若要進行更精確的判斷，可以上網查詢來源網址，若為不明的外國網站，即可確認它為垃圾流量。而這些垃圾流量之目的就是為了讓分析者在反查垃圾流量來源網址時，吸引分析者去造訪他們的網站，藉以增加網站瀏覽量。

圖 16-25　來源 + 地區報表

篩選器評級

　　在篩選器的設定中，不同篩選器之間具有先後順序之分，當使用兩組以上的篩選器且彼此涵蓋到相同的篩選維度時，就得注意篩選器的順序設定，一不小心很可能會導致報表無法產生流量，此話怎麼說呢？以下用一個例子做為示範，各位讀者就能馬上理解篩選器順序的重要性。

　　假如今日有兩組篩選器，第一組篩選器的設定為「合併子目錄名稱以及主機名稱」，其設定後顯示的流量型態為 ABC.com.tw/page/test1、ABC.com.tw/page/test2、ABC.com.tw/page/test3。第二組篩選器的設定為保留「網址以 page 字串做為開頭的網頁」，其設定後顯示的流量型態為 /page/test1、/page/test2、/page/test3。將以上兩組篩選器獨立來看，各自有其設定意義，不過同時使用這兩組篩選器時卻不見得如此。

　　若讓第一組篩選器為第一順位，第二組篩選器為第二順位，報表就不會產生任何流量，原因是所有流量在經過第一組篩選器時，皆已經變成主機名稱合併子目錄名稱的形式，例如：ABC.com.tw/page/test1，此時流量再經過第二組篩選器時，會因此找不到任何網址以 page 字串做為開頭的流量，最後報表也得不到任何結果。不過反過來說，若讓第二組篩選器為第一順位，第一組篩選器為第二順位，狀況就會有所不同。當流量先經過第二組篩選器將網址以 page 字串為開頭的網頁篩選出來，例如：/page/test1，此時再經過第一組篩選器將主機名稱及子目錄名稱合併時，就會是一個合理的設定，進而產生「ABC.com.tw/page/test1」的流量。關於篩選器排序的設定操作如下：

　　進入篩選器列表的畫面並點擊「指派篩選器順序」，如圖 16-26 框線處所示。

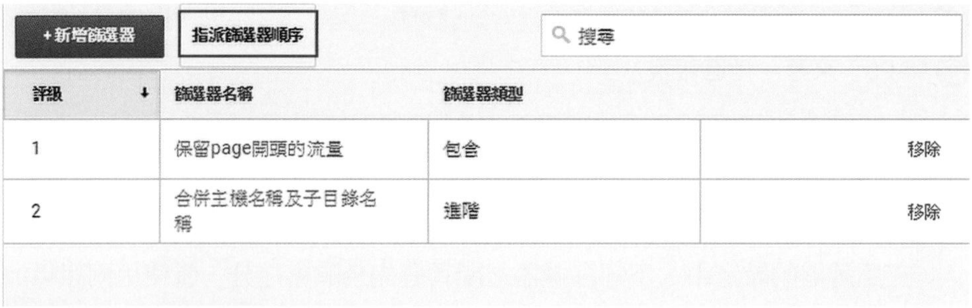

評級 ↕	篩選器名稱	篩選器類型	
1	保留page開頭的流量	包含	移除
2	合併主機名稱及子目錄名稱	進階	移除

（+新增篩選器　指派篩選器順序　🔍 搜尋）

圖 16-26　篩選器列表

　　進入圖 16-27 的畫面後，選取框線①處位於上面的篩選器，接著點選框線②處的「向下移動」，將上下兩個篩選器的順序調換。最後再點選框線③處的「儲存」。完成以上設定之後，原本未出現流量的報表，將會在 24 小時之內再度產生流量。

指派篩選器順序

篩選器將按下列順序套用。請選取任何篩選器,並在清單內使用箭頭將其上下移動。

目前的篩選器 1

| 合併主機名稱及子目錄名稱 |
| 保留page開頭的流量 |

順序： **1**
篩選器名稱：**合併主機名稱及子目錄名稱**
篩選器類型：**進階**

↑ 向上移動
↓ 向下移動 2

3
儲存 取消

圖 16-27 指派篩選器順序

事件追蹤

- 事件的定義
- 事件追蹤外部連結
- 互動事件以及非互動事件
- 滾動深入分析的操作
- 透過事件追蹤設定改變 GA 計算流量的方式

關於「事件」

　　事件追蹤是 GA 重要的功能之一，在談論事件追蹤的操作之前，首先必須釐清「事件」的定義。Google 對它的解釋如下：「事件是指使用者與網站內容的互動，追蹤時不受網頁或畫面載入影響。」前一句簡單扼要的道破事件定義，而後一句則說明了事件的特性。訪客與網站內容互動廣義上可以分為兩種，分別為「靜態式互動」以及「動態式互動」。靜態式互動代表訪客僅透過視覺與網站內容互動，而動態式互動代表訪客使用滑鼠或鍵盤在網頁上進行點擊或鍵入的行為。不過狹義上來說，訪客與網站內容的互動單指動態式互動。對於事件追蹤而言，它使用狹義上的互動來做解釋。

　　官方在解釋事件時的第二句話為「追蹤時不受網頁或畫面載入影響」，意指事件追蹤是用來記錄不會產生頁面切換而產生瀏覽量的訪客行為。例如：網頁上影片的觀看、按鈕的點擊等，加入事件追蹤功能後，分析者即可得知影片觀賞成效或是按鈕點擊成效。

事件追蹤的基礎操作

　　事件追蹤的設定必須透過手動嵌入一段程式碼來達成，在介紹程式碼之前，先來介紹事件追蹤的架構。事件追蹤的主架構是由四個參數所組成，分別是「事件類別」、「事件動作」、「活動標籤」以及「事件價值」，且這些參數值皆可由分析者自行定義。假設今日欲了解網頁上一份「大學部招生簡章」的下載成效，它的事件類別就可以設定為「簡章」，而事件動作設定為「下載」，活動標籤設定為「大學部招生」，至於事件價值用意是將該事件的觸發定義成一個量化價值。例如：一份電子招生簡章被下載一次，相當於可以省去一份紙質招生簡章的印製成本 10 元，在此就可以將事件價值設定為「10」。

　　事件之所以能夠被追蹤，是由於事件追蹤的程式碼會被置於 onclick 語法之後。onclick 代表「觸發點擊」，放置在它之後的用意為當按鈕被觸發點擊時，能夠順帶將事件追蹤程式碼中的四個參數值記錄起來，並回傳至 GA 平台的事件報表，如此一來就可以追蹤點擊成效。接下來我們就用上述的例子，來介紹事件追蹤程式碼。

　　首先從 analytics.js 版本的事件追蹤介紹起，它的程式碼為「ga ('send', 'event', '事件類別', '事件動作', '活動標籤', '事件價值');」，因此就上述大學部招生簡章的例子而言，事件追蹤程式碼會變成「ga ('send', 'event', '簡章', '下載', '大學部招生', '10');」，若真正將其套用至 onclick 語法中，其設定如圖 17-1 所示。

```
<p><a href="大學部招生簡章.docx"
onclick="ga('send','event','簡章','下載','大學部招生','10');"></a></p>
```

圖 17-1　事件追蹤程式碼 (analytics.js)

　　若要使用 gtag.js 版本的事件追蹤，其程式碼會與 analytics.js 版本有些許差異，除了原本的事件類別、事件動作、活動標籤、事件價值四個參數以外，

它還多了一項「事件名稱」的參數，同樣也可以由分析者自行定義。它的程式碼為「gtag ('event', '事件名稱', {'event_category': '事件類別', 'event_action': '事件動作', 'event_label': '活動標籤', 'value': '事件價值'});」，因此就上述大學部招生簡章的例子而言，事件追蹤程式碼會變成「gtag ('event', '下載招生簡章', {'event_category': '簡章 ', 'event_action': '下載', 'event_label': '大學部招生', 'value': '10'});」，若真正將其套用至 onclick 語法中，設定如圖 17-2 所示。

```
<p><a href="大學部招生簡章.docx"
onclick="gtag('event','下載招生簡章',
{'event_category':'簡章','event_action':'下載',
'event_label':'大學部招生','value': '10'});"></a></p>
```

圖 17-2 　事件追蹤程式碼 (gtag.js)

　　在 GA 中有兩種方式可以查看有關事件追蹤的流量，其一為即時報表「即時 → 事件」，分析者可以在觸發事件後，立刻將畫面切換至即時事件報表查看流量，如圖 17-3 框線處所示。其二為統計報表「行為 → 事件 → 熱門事件」，如圖 17-4 框線處所示。這份報表的流量會在觸發事件後的 24 小時之內產生，另外請注意日期範圍需包含到觸發事件的時間點。

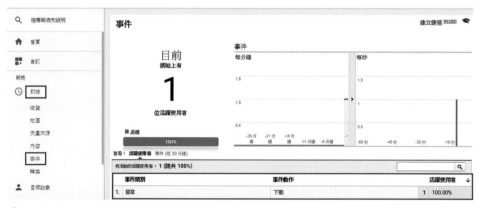

圖 17-3 　事件即時報表

圖 17-4　事件統計報表

如何透過事件追蹤外部連結？

　　外部連結是一個能夠延續訪客瀏覽行為的媒介，雖然當訪客將瀏覽行為從側錄網站轉移到側錄網站之外的網頁之後，我們就無法繼續追蹤他們的行徑，不過我們可以透過追蹤訪客點擊外部連結的行為，來確認訪客並非在離開側錄網站之後即結束他的瀏覽行為。

　　各位讀者是否記得在祕訣 15. 時介紹過 GA 計算時間的方式，假設訪客在側錄網站中僅瀏覽了一個頁面，並在停留數分鐘後離開側錄網站，基本上該名訪客停留時間會被記錄為 0 秒。此時若在該網頁中加入一個外部連結，即使訪客點擊該連結而離開側錄網站，仍會因為尚未將事件追蹤機制埋入，導致該名訪客停留時間被記錄為 0 秒。在這種情況下，就必須透過事件追蹤外部連結的操作，來解決 GA 記錄時間不準確的問題，使得我們不僅可以記錄到訪客離開側錄網站後的去處，甚至還能較為準確的得知訪客在側錄網站中停留的時間。

(1) 互動事件 & 非互動事件

　　事件追蹤分成兩種類別，分別為「互動事件」以及「非互動事件」，而它們之間的不同處在於跳出率計算方式以及訪客停留時間的計算方式。先從跳出率的計算方式說起。在正常的狀況下，訪客進入側錄網站首頁瀏覽接著就離開側錄網站的行為，會被記錄為一次跳出，但若今日在首頁置入一個「互動事件」，例如：影片或是按鈕，訪客只要有播放此影片或是點擊按鈕，就會被視

為與網頁產生互動，屆時再離開網頁就不會被視為一個跳出行為。反之，若為「非互動事件」，以上情境仍會被記為跳出。

接著談到停留時間的計算方式，這時就要拿事件追蹤「外部連結」來做為舉例較容易理解。若定義外部連結的點擊屬於「互動事件」，當訪客在側錄網站中點擊外部連結時，GA 就會給予訪客點擊連結的時間戳記，屆時訪客在側錄網站上之停留時間的計算，就會是「訪客點擊外部連結時間戳記」扣掉「訪客進入網頁時間戳記」。不過若外部連結屬於「非互動事件」，就算訪客觸發該事件，停留時間的計算方式仍會照舊。

了解「互動事件」以及「非互動事件」的差異之後，接下來要與各位分享如何進行此兩種事件型態的操作。圖 17-5 以及圖 17-6 分別為 analytics.js 版本的「互動事件」以及「非互動事件」，其中可從程式碼中看見除了之前介紹過的「事件類別」、「事件動作」、「活動標籤」及「事件價值」四個參數以外，最後還有一個由大括號夾住的「nonInteraction」參數，而它就是用來決定事件屬於「互動事件」或是「非互動事件」之關鍵。nonInteraction 參數值只能填入布林值 True 或是 False，若填寫「true」則該事件會被定義為「非互動事件」，若填寫「false」則該事件會被定義為「互動事件」。

```
onclick="ga('send','event','事件類別','事件動作','活動標籤',
'事件價值',{nonInteraction: false});"></a></p>
```

圖 17-5　互動事件程式碼 (analytics.js)

```
onclick="ga('send','event','事件類別','事件動作','活動標籤',
'事件價值',{nonInteraction: true});"></a></p>
```

圖 17-6　非互動事件程式碼 (analytics.js)

若要使用 gtag.js 版本來設定「互動事件」以及「非互動事件」，設定方式如圖 17-7 以及圖 17-8 所示。從圖中可得知它與 analytics.js 版本相同是以「nonInteraction」參數來控制。

```
onclick="gtag('event','下載招生簡章',
{'event_category':'簡章','event_action':'下載',
'event_label':'大學部招生','value': '10','nonInteraction':false});"></a></p>
```

圖 17-7　互動事件程式碼 (gtag.js)

```
onclick="gtag('event','下載招生簡章',
{'event_category':'簡章','event_action':'下載',
'event_label':'大學部招生','value': '10','nonInteraction':true});"></a></p>
```

圖 17-8　非互動事件程式碼 (gtag.js)

(2) 文字型態外部連結 & 圖片型態外部連結

外部連結的呈現方式通常有文字型態以及圖片型態兩種，在安裝事件追蹤程式碼的過程中也會因此有所不同。圖 17-9 屬於文字型態的外部連結，也就是直接在文字上使用超連結，這時候若要安裝事件追蹤碼在這種類型的外部連結時，要將 onclick 語法夾帶事件追蹤程式碼嵌入至超連結的「網址」，如圖 17-9 所示。

圖 17-10 屬於圖片型態外部連結，也就是透過圖片包裝超連結，這樣可以使得視覺效果更好。若要安裝事件追蹤程式碼於這類型的外部連結，要將 onclick 語法夾帶事件追蹤程式碼嵌入至超連結的「圖片屬性」程式碼後方，也就是圖片來源、圖片寬度及高度的設定後方，如圖 17-10 所示。

文字型態外部連結

Yahoo!

analytics.js

```
<a href="https://tw.yahoo.com"
onclick="ga('send','event','outbound link','https://tw.yahoo.com',
'Yahoo首頁','10',{nonInteraction:false});">Yahoo!</a>
```

gtag.js

```
<a href="https://tw.yahoo.com/"
onclick="gtag('event','Yahoo首頁',
{'event_category':'outbound link',
'event_action':'https://tw.yahoo.com/',
'event_label':'Yahoo首頁','value': '10',
'nonInteraction':false});">Yahoo!</a>
```

圖 17-9　文字型態外部連結嵌入事件追蹤

圖片型態外部連結

YAHOO!

analytics.js

```
<a href="https://tw.yahoo.com/">
<img border="0" src="yahoo.png" width="318" height="159"
onclick="ga('send','evevt', 'outbound link','https://tw.yahoo.com/',
'Yahoo首頁','10',{nonInteraction:false});"></a>
```

gtag.js

```
<a href="https://tw.yahoo.com/">
<img border="0" src="yahoo.png" width="318" height="159"
onclick="gtag('event','Yahoo首頁',
{'event_category':'outbound link',
'event_action':'https://tw.yahoo.com/',
'event_label':'Yahoo首頁','value': '10',
'nonInteraction':false});"></a>
```

圖 17-10　圖片型態外部連結嵌入事件追蹤

　　一般在追蹤外部連結時，筆者習慣將事件類型設定為「Outbound link」字串、事件動作設定為外部連結網址，而活動標籤設定為網站名稱，如此一來就可以很清楚的從報表中辨識訪客點擊了哪一個外部連結，至於事件價值這項參數比較彈性，分析者可以自行決定是否需要使用。完成外部連結的事件追蹤後，先回到側錄網站觸發事件，接著再進入 GA 平台點選「即時」報表中的「事件」即可查看流量成果，如圖 17-11 框線處所示。

圖 17-11　事件追蹤外部連結報表

事件追蹤進階操作——滾動深度分析 (Scrolling Depth)

　　滾動深度分析 (Scrolling Depth) 為 GA 的一個插件 (plug-in)，透過這項插件可以追蹤訪客瀏覽網站時使用滑鼠滾動頁面的行為，若頁面被滾動至愈下方代表此次瀏覽深度愈深，相反則愈淺。因此這項功能適用於單頁深度夠深的網站，例如：一篇長篇文章，若你想要得知訪客是否耐心的將整篇文章看完，這項功能能夠為你實現。

　　滾動深度分析的操作必須透過手動嵌入程式碼來完成，為了降低程式碼的複雜度，在以下的示範操作中筆者引用他人所分享的 JavaScript 套件，以幫助讀者快速學習。首先進入「https://goo.gl/GXa9vr」的網頁，網頁內容為滾動深度分析的插件主程式碼，接著就在此頁面的空白處點擊滑鼠右鍵選取「另存新檔」，如圖 17-12 框線處所示，並將檔案儲存於側錄網站的根目錄之下。

　　再來將畫面轉移至側錄網站編輯後台，首先以 analytics.js 版本的程式碼做為範例。如圖 17-13 所示，將框線處程式碼嵌入 <head> 標籤內的 analytics.js 版本之 GATC 上方。透過這段程式碼，即能夠「呼叫外部 JavaScript 套件」。

接著看到圖 17-14，紅框處為原本即嵌入完成的 analytics.js 版本 GATC，接下來我們必須寫入 GATC 下方的藍框處程式碼。這段程式碼使用了 bamPercentPageViewed 中的 callback 函式取得滾動深度資訊，並將其暫時儲存於 callbackData 變數中，接著又使用了一個條件運算式，描述「假設 callbackData 這項變數不等於 false 時，就回傳事件追蹤資訊至 GA」，其中!==false 是一個負負得正的概念，白話一點說就是當 callbackData 有資料時，就使用事件追蹤程式碼把流量回報給 GA。接著，再將注意力轉移至綠框處的事件追蹤程式碼，可以發現它的事件類別為「Percent of Page Viewed」字串，事件動作為「觸發事件的來源網址」，活動標籤為「滾動百分比」，事件價值為「undefined」意指未定義，且最後的「true」代表它是一個非互動事件。

```
/**
 * Percent page viewed plugin
 *
 * Usage:
 * bamPercentPageViewed.init({ option : 'value' });
 *
 * Options:
 * trackDelay : 1500 - The delay (in ms) before a scroll
bouncers)
 * percentInterval : 10 - Track every 10% the page is sc
 * callback : function(data){ console.log(data); } - The
| Default: null
 * cookieName : _bamPercentPageViewed - The name of the
 *
 */
(function(bamPercentPageViewed)
{
        /**
         * Default options
         */
        var defaultOptions = {
                trackDelay: 1500,
```

圖17-12　滾動深度分析插件主程式碼

```
<head>

<meta http-equiv="Content-Language" content="zh-tw">
<meta http-equiv="Content-Type" content="text/html; charset=utf-8">

<title>這是示範頁面</title>

<script src=''bam-percent-page-viewed.js'' type=''text/javascript''></script>
```

圖 17-13 呼叫外部 JavaScript 套件程式碼 (analytics.js)

```
<script>
(function(i,s,o,g,r,a,m){i['GoogleAnalyticsObject']=r;i[r]=i[r]||function(){
(i[r].q=i[r].q||[]).push(arguments)},i[r].l=1*new Date();a=s.createElement(o),
m=s.getElementsByTagName(o)[0];a.async=1;a.src=g;m.parentNode.insertBefore(a,m)
})(window,document,'script','https://www.google-analytics.com/analytics.js','ga');

ga('create', 'UA-104196669-1', 'auto');
ga('send', 'pageview');
```
```
var callbackData = bamPercentPageViewed.callback();
if(callbackData !==false)
{
  console.group('Callback');
  console.log(callbackData);
  console.groupEnd();
  ga('send','event','Percent of Page Viewed',callbackData.documentLocation,
  callbackData.scrollPercent + '',undefined,true);
}
```

圖 17-14 設定事件追蹤程式碼 (analytics.js)

　　再接著看到圖 17-15 紅框處，這是一段啟動插件運作以及進行細部設定的程式碼。其中藍框處包含了兩個項目分別為「trackDelay」以及「percentInterval」，前者代表要觸發滾動深度分析的門檻時間，單位為毫秒。因此若此值為 2000，代表訪客必須在使用滾輪後停止兩秒以上，該事件才會被觸發並且被 GA 記錄。後者代表滾動深度分析要把整個畫面區分成幾個間隔，因此若此值為 10 代表要將畫面切割成十等分，GA 的紀錄就會是 10、20、30……100 的形式。

```
var callbackData = bamPercentPageViewed.callback();
if(callbackData !==false)
{
  console.group('Callback');
  console.log(callbackData);
  console.groupEnd();
  ga('send','event','Percent of Page Viewed',callbackData.documentLocation,
  callbackData.scrollPercent + '',undefined,true);
}
```

```
(function(){
  var o=onload, n=function(){
    bamPercentPageViewed.init({
      trackDelay:'2000',
      percentInterval:'10'
    });
  }
  if (typeof o!='function'){onload=n} else {onload=function(){ n();o();}}
})(window);

</script>
```

圖 17-15　啟動插件運作程式碼 (analytics.js)

　　若今日要使用 gtag.js 的版本來操作滾動深度分析，與 analytics.js 的版本相比有兩個地方必須修改，分別為「呼叫外部 JavaScript 套件的程式碼」的放置位置以及事件追蹤程式碼。如圖 17-16 紅框處所示，「呼叫外部 JavaScript 套件」的程式碼需放置於藍框處「gtag.js 版本的 GATC」上方。

```
<head>

<meta http-equiv="Content-Type" content="text/html; charset=big5">
<title>新增網頁1</title>

<script src="bam-percent-page-viewed.js" type="text/javascript"></script>

<!-- Global site tag (gtag.js) - Google Analytics -->
<script async src="https://www.googletagmanager.com/gtag/js?id=UA-104196669-1"></script>

<script>
  window.dataLayer = window.dataLayer || [];
  function gtag(){dataLayer.push(arguments);}
  gtag('js', new Date());

  gtag('config', 'UA-104196669-1');
</script>
```

圖 17-16　呼叫外部 JavaScript 套件 (gtag.js)

接著，將設定滾動分析的程式碼以及啟動插件運作的程式碼放置於 gtag.js 版本 GATC 的 </script> 之前。如圖 17-17 紅框處所示，另外需將當中的事件追蹤程式碼改為 gtag.js 形式，如藍框處所示。

```
<script>
  window.dataLayer = window.dataLayer || [];
  function gtag(){dataLayer.push(arguments);}
  gtag('js', new Date());

  gtag('config', 'UA-104196669-1');

  var callbackData = bamPercentPageViewed.callback();
if(callbackData !==false)
{
   console.group('Callback');
   console.log(callbackData);
   console.groupEnd();
   gtag('event','login',{'event_category':'Percent of Page Viewed',
   'event_action':callbackData.documentLocation,
   'event_label':callbackData.scrollPercent + '',
   'nonInteraction':true});
}
(function(){
   var o=onload, n=function(){
      bamPercentPageViewed.init({
         trackDelay:'2000',
         percentInterval:'10'
      });
   }
   if (typeof o!='function'){onload=n} else {onload=function(){ n();o();}}
})(window);
</script>
```

圖 17-17　設定滾動深度分析程式碼 (gtag.js)

若成功觸發了滾動深度的流量，可至「即時 → 事件」報表查看 (如圖 17-18 紅框處所示)，在藍框處可以看見所設定的事件類別「Percent of Page Viewed」字串，事件動作欄位則顯示被觸發滾動深度的來源網站。此外，點擊綠框處的「事件類別」後即可查看透過事件標籤所記錄到的滾動百分比，如圖 17-19 框線處所示，畫面中的事件標籤內容顯示「50」代表該次造訪訪客有將頁面滾動至頁面的 1/2 處，並且停留了至少兩秒鐘以上。

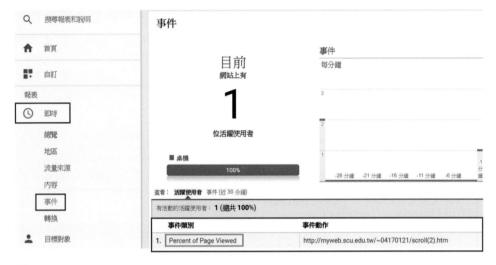

圖 17-18　滾動深度分析報表查看 (1)

圖 17-19　滾動深度分析報表查看 (2)

- 認識 A/B 測試
- A/B 測試分類
- Google 最佳化工具的操作

何謂 A/B 測試 (AB Testing)？

在面對不確定性決策事物時，猜測似乎是大家慣用的方式，期盼自己能從各種可行性方案中猜選一個較安全且容易成功的方案，猜對了當然非常開心，萬一猜錯了也只能自認倒楣。這種不知道該怎麼做選擇的窘境，其實在網站經營上常常發生。例如：購物車按鈕該以什麼樣的顏色設計，才能夠有效吸引訪客將商品放入其中呢？在網站流量分析的世界中，大家其實不用透過猜測的方式來找答案，A/B 測試的出現，可以幫助我們解決許多決策問題，而且是以客觀、有根據的數據結果告訴我們如何下決策，因此它是一種常被用於網頁設計決策以及網站優化的實驗方法。

A/B 測試運作原理並不複雜，我們只要選定一項變因後分別製作 A 版本及 B 版本，創造出實驗組以及對照組，接著透過特殊工具依照比例並隨機的將訪客分流至不同版本，經過一段時間後就可以從測試結果中得知成效最好的版本，也就能夠有根據的去執行原本毫無頭緒的決策 (如圖 18-1)。假如今日欲探討「購買按鈕顏色與訪客下單之間的關係」，此時就以「按鈕顏色」做為變因來進行 A/B 測試，若實驗結果發現紅色購買按鈕能夠產生最大的轉換率，難道你不會因此而心動嗎？

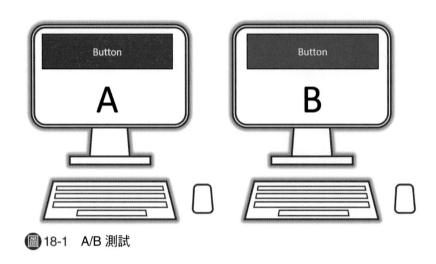

⏹圖 18-1　A/B 測試

　　各位讀者是否曾經聽過以下著名的 A/B 測試成功案例呢？美國知名互動娛樂軟體公司 EA (Electronic Arts) 當時為了推廣即將上市的遊戲「模擬城市 5」，因此於官方網站的正中間發布了一個大大的預購優惠廣告，期望可以增加預購訂單以帶來更多的收入。但是經過開發團隊一段時間觀察，促銷活動並沒有創造更多營收，於是他們決定將官網中間的優惠廣告移除做為對照組，與原先的實驗組進行 A/B 測試。

　　沒想到測試結果大大跌破了開發團隊眼鏡，移除優惠廣告的對照組反而比原先的實驗組增加了 43.3% 的營收，原來優惠廣告對於大眾而言是沒有吸引力的，因為人們並不會受到有無優惠差別而影響他們想要購買遊戲的初衷。在看完這個案例之前，大多數的人可能都會認為優惠方案能夠促進購買增加營收，不過對於 EA 公司而言卻不是這麼一回事。了解 A/B 測試的重要性以後，接下來要與各位分享如何透過 GA 進行 A/B 測試，也就是實驗設計。

GA實驗操作 (analytics.js)

Google 官方在不久前宣布過去所慣用的內容實驗 (content experiment) 功能已在 2019 年 8 月 7 日起停止使用 (如圖 18-2 藍色標記處)，取而代之的是透過 Google 最佳化工具 (Google Optimize) 來設定網頁上的實驗運作。

Analytics (分析)說明　　🔍 請說明您的問題

Analytics (分析) ☑　　說明論壇　　Fix issue

❯ 內容實驗功能即將淘汰

內容實驗功能即將淘汰

我們近期將調整 Google Analytics (分析) 和 Management API 的實驗資源。從 2019 年 8 月 7 日起，您將無法再建立或開始內容實驗 (CX)。目前進行中的實驗仍可以如期完成，而已完成的實驗還是可以在 Google Analytics (分析) 的實驗報表中查看。

如果您正在進行相關實驗，建議您把實驗遷移至 Google 最佳化工具 ☑ 。這是一項免費工具，其不但保有與 Google Analytics (分析) 的原生整合架構，還具備以下所有功能：

🖼 18-2　內容實驗停用通知

圖 18-3 為 Google 最佳化工具進入方式，首先請在 Google 搜尋引擎當中輸入「google optimize」這一組關鍵字，並且找到 https://optimize.google.com的超連結查詢結果 (如紅色框線所示)，點擊它之後便可進入 Google 最佳化工具平台 (如圖 18-4)。

接著，請點擊圖 18-4 紅色框線中的「踏出第一步」按鈕。完成之後便會看見如圖 18-5 中的幾個核選項目，這些項目的選取並不影響 A/B testing 的運作，因此請自行選擇，選取完畢之後，請點擊畫面右下角的「下一步」按鈕。

圖 18-3　搜尋引擎檢索 Google 最佳化工具

圖 18-4　Google 最佳化工具入口處

圖 18-5　Google 最佳化工具設定 (1)

點擊之後便會看見如圖 18-6 的若干條款說明畫面，請務必將畫面最下方的三項條款予以核取，如此才能夠點擊畫面右下角的「完成」按鈕。

最佳化工具　｜　所有帳戶 ▾

✔ 基準化 (建議採用)
傳送匿名資料給匯總資料集即可啟用基準等功能，且能取得有助於洞析資料趨勢的研究發表資料。與他人分享資料前，系統會移除其中所有可辨識您網站的資訊，並與其他匿名資料彙整。

✔ 取得深入分析資料 (建議採用)
允許 Google 銷售專家存取您的「最佳化工具」帳戶 (包括其中資料)，即可跨多種 Google 產品取得更多深入分析數據和建議。

若要使用 Google 最佳化工具，您必須先接受您國家/地區的《服務條款》協議。

台灣 ▾

✔ 我確認自己已詳閱《服務條款》並同意其內容
✔ 我也接受 GDPR 所要求的《資料處理條款》。瞭解詳情
✔ 對於我根據 GDPR 規定與 Google 共用的資料，我也接受《評估控管者對控管者資料保護條款》。
這些條款僅適用於您根據以上設定 (「改善 Google 產品」) 選擇與 Google 共用的資料。若您不想接受這些條款，請停用以上資料共用設定。

圖 18-6　Google 最佳化工具設定 (2)

緊接著會在圖 18-7 畫面中看見「容器」(container) 字樣，我們可以將容器想像成具有不同功能的貨櫃 (如常溫櫃 vs. 冷凍櫃)，而每一個貨櫃內可以存放許許多多貨物，因此在 Google 最佳化工具中的容器也可以像貨櫃一樣存放各式各樣的資料蒐集設定以及所蒐集到的資料。由於在一個帳號中可以新增許多容器 (如紅色箭頭指向處)，因此 Google 最佳化工具會為每個容器配給一組容器編號 (如紅色框線的 GTM-P9BPTGG)。至於在藍色框線部份，此處的「容器檢查清單」是指整個實驗設置的進度表示，目前處於 25% 進度設定，待其餘 75% 項目設置完成後，實驗便可開始進行。在畫面上還可以看見綠色框線處的「開始」按鈕，點擊後即進入下一步驟的建立體驗設定 (如圖 18-8 所示)

圖 18-7　Google 最佳化工具設定 (3)

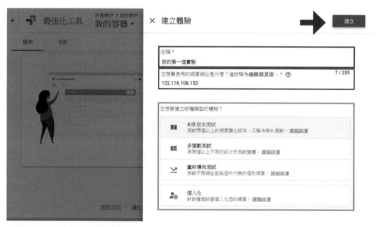

圖 18-8　Google 最佳化工具設定 (4)

　　在這個畫面中，首先必須在紅色框線處給定此項體驗的名稱 (例如：我的第一個實驗)，並且接續在藍色框線處輸入這個體驗所使用到網站網址，而此處所輸入的網址也會成為編輯器所自動指向的頁面網址。這些步驟完成之後，便可以在綠色框線處選擇體驗的類型，包含A/B版本測試、多變數測試、重新導向測試以及個人化。

A/B版本測試

A/B 版本測試適用於「以單一頁面為基準 (即頁面網址不變) 去比較其他不同頁面彼此之間因特定差異項目所導致的流量或行為變化」，從這個定義上來看，雖然看似有許多不同頁面，但其實是要觀察相同頁面在某些特定元素上的差異。例如：網頁 A 的購物車按鈕為紅色，而網頁 B 的購物車按鈕是綠色，若打算釐清「購物車顏色差異」是否會導致不同的購買轉換率時，A/B 版本測試項目將會是這類型實驗的首選設定。此時，網頁 A 稱為原始版本、網頁 B 則為變化版本，訪客將會以隨機方式被派遣至其中一種版本，以觀察彼此之間的行為差異。

多變數測試

多變數測試是指以兩個或兩個以上的網頁內元素為比較對象，試圖從它們之間的差異中觀察出流量或行為差異。相較於上述的 A/B 版本測試，多變數測試的比較範疇並不局限在單一頁面網址，而是打算在相異頁面中找出不同頁面內元素變化最佳組合。例如：自己手頭上現有兩種網頁元素，每一種網頁元素各自擁有兩種變化，即橫幅廣告元素 (banner A 與 banner B)、商品圖案元素 (product A 與 product B)，而將這兩種不同變化的網頁元素進行配對，即可製造出四種情況，分別是 banner A + product A、banner A + product B、banner B + product A 以及 banner B + product B，若欲得知這四種組合當中，哪一種組合能夠帶來最佳的轉換率，此時，多變數測試就非常適合在這樣子的情境下調用。

重新導向測試

重新導向測試顧名思義就是以單一頁面但卻以不同網址的方式來引導訪客看見實驗的變化，本質上重新導向測試也是 A/B 版本測試的一種，然而由於重新導向測試具備不同網址引導能力，因此非常適合用來觀察流量或行為在兩種不同網址到達頁面上的差異。

個人化

個人化是指依照上述三種實驗的執行結果 (即獲得勝出版本)，將其設為個人化內容，一旦設定完成之後，後續進站訪客將不會再被隨機派遣至實驗內的其中任一版本，畢竟在已分出勝負情況下，自然沒有必要讓實驗繼續下去，而趁勢將結果予以固定成個人化，便會是一種一勞永逸的做法。

綜合以上說明，在此提供一個實用的判斷矩陣，讀者可依照自身實驗需求來對照矩陣內的其中一種情況。以下圖 18-9 為例，X 軸為實驗頁面網址「一致性」、Y 軸則是實驗「內容範疇 (局部特定元素組合 vs. 全域頁面變化)」，經過 2X2 交織配對之後，共可產出四個象限。若打算進行的實驗涉及到「不同網址頁面 + 全域頁面變化」，那麼「重新導向測試」的實驗設定便能夠符合所需，而若所欲進行的實驗牽涉到「不同網址頁面 + 局部特定元素組合」，則「多變數測試」才是真正能夠符合需求的實驗設定項目。如果自己打算進行的實驗屬於「相同網址頁面 + 全域頁面變化」，這個時後將實驗設定項目調用成「A/B 版本測試」將能夠滿足需求，而若所要執行的實驗屬於「相同網址頁面 + 局部特定元素組合」，那麼仍建議將實驗設定項目調整成「A/B 版本測試」，主要原因在於 Google 最佳化工具並未針對這個情境提供額外的設定項目，再加上「局部特定元素組合」其實是「全域頁面變化」的子集合，因此將「相同網址頁面＋局部特定元素組合」視為例外狀況下的「A/B 版本測試」將有其合理性與必要性。透過這個判斷矩陣，相信讀者們就能夠正確地選擇實驗項目並且給予適當的設定。

實驗內容範疇	實驗頁面網址一致性	
	相同網址頁面	不同網址頁面
局部特定元素組合	A/B 版本測試	多變數測試
全域頁面變化	A/B 版本測試	重新導向測試

圖 18-9　實驗判斷矩陣

在了解圖18-8綠色框線中的實驗設定項目之後，接下來的實驗設定將以「相同網址頁面＋局部特定元素組合」=「A/B版本測試」為選項進行示範，因此請點擊「A/B版本測試」選項之後，接續點擊圖右上角紅色箭頭所指向的「建立」按鈕，完成後便可以看見圖18-10設定畫面。在這個畫面中，我們必須先於藍色框線處鍵入所要進行實驗的頁面網址，也就是所謂的編輯器網址，如此才能夠在後續的步驟中，透過編輯器來建立另一個不同元素呈現的變化版本頁面，接著請點擊紅色框線處的「新增變化版本」。

🖼 18-10　Google 最佳化工具設定 (5)

點擊之後請在圖 18-11 畫面的紅色框線處輸入變化版本名稱，完畢之後請接著點擊紅色箭頭處所指向的「完成」按鈕。

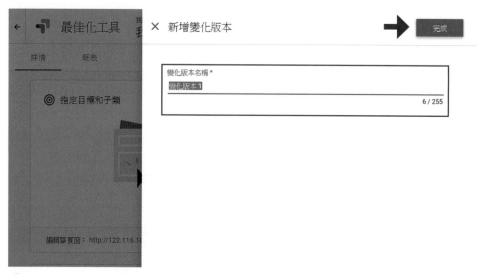

　　此時畫面會跳轉至如圖 18-12 狀態，點擊綠色框線處的「查看」按鈕可觀賞到原始版本的網頁樣貌，接著為了要能夠順利讓藍色框線處的「變更(0項)」能夠產生變化版本的差異內容，就必須點擊紫色框線處的「編輯」按鈕，完成變化內容的編輯之後，便能夠順利在藍色框線處看見總計有多少項的變更。至於在紅色框線處的「權重」字樣，是指要讓每一個版本的實驗網頁接收到多少比例的訪客流量，預設情況下是每一個版本都會接收到 50% 的流量，即會有 50% 的訪客被隨機指派到原始版本網頁，而會有另外 50% 的訪客被指派到變化版本網頁，若想要將多一點或少一點訪客指派到其中一個版本頁面，則可點擊「權重」進行修改。

圖 18-12　Google最佳化工具設定 (7)

　　畫面再往下移動可看見如圖 18-13 狀態，我們必須在紅色框線處告訴最佳化工具這項實驗的觸發網址，本例設定「當」＋「網址符合」＋「http://122.116.108.153」時觸發實驗，讀者可依照自身實際狀況來填入觸發網址及其吻合條件。在完成實驗觸發網址設定之後，緊接著要輸入的是實驗投放對象，也就是畫面上的「指定目標對象」，倘若自己沒有打算讓每一位訪客都觀看到實驗內的其中一個版本頁面，那麼就可以在藍色框線處調整實驗的受眾設定 (如只想讓來自美國的訪客接觸到實驗)。

圖 18-13　Google 最佳化工具設定 (8)

　　完成之後，請再次將畫面往下移動，此時可看見如圖18-14的「評估與目標」設定項目，在此建議大家務必將最佳化工具與Google Analytics相互繫綁，才能夠在許多連動項目順利傳遞資料 (如連動GA中的目標)，因此請點擊紅色框線處的「連結至ANALYTICS(分析)」來實現兩者的繫綁。

圖 18-14　Google 最佳化工具設定 (9)

　　繫綁完成之後，畫面會顯示一個跳出視窗 (如圖 18-15 所示)，倘若自己的網站是使用 gtag.js 版本的 GATC 追蹤碼，那麼請依照這個跳出視窗的指示在追蹤碼內加入紅色字樣的程式碼，完成之後就可以調用 GA 當中現存的目標設定或是選取最佳化工具中的預設目標分析項目。

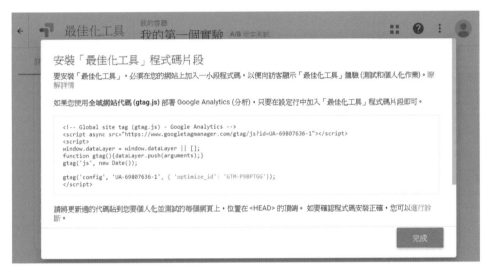

圖 18-15　Google 最佳化工具設定 (10)

　　然而若自己是使用 analytics.js 版本的 GATC 追蹤碼，則須依照圖 18-16 藍紅色框線處的程式碼來擴增原有 GATC 追蹤碼，其中 expId 是指實驗的 ID 編號，可從 GA 繫綁完成後的最佳化工具畫面中取得。而 expVar 是指變化版本編號，若自己有1個以上的變化版本，則可依序指定編號至程式碼內，本例只有一個變化版本，故鍵入 $1。至於在紅色框線處的程式碼是由最佳化工具所提供的畫面防閃程式碼，這段程式碼的嵌入是為了讓實驗投放受眾有更好的使用者體驗，使其無法查覺出自己正是實驗對象。若未使用它，當訪客進入實驗網頁時可能會先短暫出現版本 A 頁面，之後又馬上跳轉至版本 B 頁面的閃爍情形，如此實驗的準確度就大打折扣了。

```
<!-- Anti-flicker snippet (recommended)  -->
<style>.async-hide { opacity: 0 !important} </style>
<script>(function(a,s,y,n,c,h,i,d,e){s.className+=' '+y;h.start=1*new Date;
h.end=i=function(){s.className=s.className.replace(RegExp(' ?'+y),'')};
(a[n]=a[n]||[]).hide=h;setTimeout(function(){i();h.end=null},c);h.timeout=c;
})(window,document.documentElement,'async-hide','dataLayer',8000,
{'GTM-KP23WFQ':true});</script>
```

```
<script>
  (function(i,s,o,g,r,a,m){i['GoogleAnalyticsObject']=r;i[r]=i[r]||function(){
  (i[r].q=i[r].q||[]).push(arguments)},i[r].l=1*new Date();a=s.createElement(o),
  m=s.getElementsByTagName(o)[0];a.async=1;a.src=g;m.parentNode.insertBefore(a,m)
  })(window,document,'script','https://www.google-analytics.com/analytics.js','ga');
```

```
ga('create', 'UA-146295930-1', 'auto');
ga('require', 'GTM-KP23WFQ');
ga('set', 'expId', '$eRFzimHJSAm2TBsA81DP0w');
ga('set', 'expVar', '$1');
ga('send', 'pageview');
```

```
</script>
```

圖 18-16　Google 最佳化工具設定 (11)

　　完成上述程式碼安排之後，請將畫面再次往下移動，便可看見圖18-17的設定項目。其中藍色框線處的設定項目是用來指定「流量分配」，白話地說就是自己打算拿多少流量來做實驗，本例以100%流量來供應實驗的運作。而紅色框線處的「啟用事件」是指實驗的觸發機制或時機，本例將實驗觸發時機設定為「載入網頁」，也就是當含有實驗程式碼的網頁被載入時，便立刻啟動實驗的運作。

　　到目前為止，所有實驗的相關設定皆已完成，此時若點擊圖18-18紅色框線處的「開始」按鈕，則實驗就會開始進行。從這一刻起，任何進站的訪客都會被實驗介入，也就是會被隨機地派遣到其中一個實驗版本頁面，而此時網站經營者就可輕鬆觀察訪客的行為差異是否是受到不同實驗版本條件所導致，進而以客觀的方式找到最佳勝出版本。

⚙ 設定

✉ 電子郵件通知 ⑦
接收有關此體驗的重要通知。瞭解詳情

👥 流量分配
符合參與此體驗資格的所有訪客所佔百分比。
100.0% ✏

⚡ 啟用事件
選擇這個體驗的觸發時機。瞭解詳情
載入網頁 ✏

📖 18-17　Google 最佳化工具設定 (12)

📝 草稿・ 已準備好開始・　　　　　　　🕐 ▶ 開始 ⋮

◎ 新增指定目標規則　　🖥 建立子類　　⚡ 連結至 ANALYTICS (分　🚩 設定目標　　🌀 開始
　 將網站訪客設為指定目 >　 自訂您的網 >　 析) >　 選擇要最佳化的目 >　 排定時間或開
　 標　　　　　　　　　　站　　　　　 選取並查看資源　　　標　　　　　　始

◎ 指定目標和子類

變化版本
您想進行什麼測試？

原始網頁　　　　　🔄 50% 權重　　🖥 預覽 ▼　　　　　查看

📖 18-18　Google 最佳化工具設定 (13)

從本章可以學到

- 微觀目標與巨觀目標
- 自訂目標的建立
- 程序視覺呈現報表的啟用

目標設置的重要性

設置目標是一項重要的操作，唯有透過目標設置，才能夠衡量一個網站或 APP 的經營效益。目標一般可以分為巨觀目標 (Macro Goals) 以及微觀目標 (Micro Goals)。巨觀目標指的是對於一個網站或 APP 而言的最終目標，例如：營利型的電子商務網站其巨觀目標為營收，也可以稱之為價值；或者非營利型的部落格網站其巨觀目標為人氣，也就是瀏覽量。微觀目標指的是訪客在達成巨觀目標前的每個步驟，例如：訪客在線上購買某項商品前，必須先點擊購物車按鈕，進入結帳頁面並完成結帳動作後，電商公司才會增加營收達成巨觀目標，而「點擊購物車」、「進入結帳頁面」以及「完成結帳」這些動作之達成，皆屬於微觀目標分析範疇，因此也可以說巨觀目標是由多項微觀目標所組成。

GA 有一項功能可同時呈現微觀目標以及巨觀目標，稱之為「程序視覺呈現」，這份報表利用目標的設置將微觀目標與巨觀目標由上而下串連起來，形成一個漏斗形狀 (如圖 19-1)，如此一來就可以清楚得知訪客是否有遵循分析者的目標設置進行操作，並在最後達成巨觀目標。

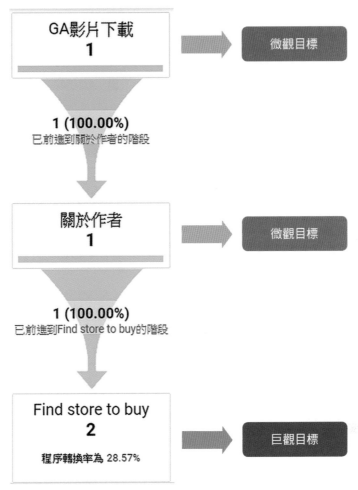

圖 19-1　程序視覺呈現報表

目標的設定

　　目標設定隸屬於資料檢視層級，若要開始進行目標的設定，請先進入 GA 管理員，並且在資料檢視層級中，點選如圖 19-2 框線處的「目標」，它的圖標是以旗幟來表示。

19-2　目標

　　進入目標清單後 (如圖 19-3 所示)，可在紅框處看見目標設定只有 20 個使用額度，若要超額使用，可再建立一個新的資料檢視。接著請點藍框處的「＋新增目標」。

圖 19-3　目標清單

　　在圖 19-4 畫面中可以看到目標設定由三個步驟所組成，按照順序分別為「目標設定」、「目標說明」以及「目標詳情」。首先從「目標設定」談起，目標設定的種類有「範本」以及「自訂」兩種，如框線處所示，其中範本內還包含了收益、客戶開發、查詢、主動參與四個類別，若分析者想要設置的目標隸屬於其中一個範本，即可直接選取使用，若皆無符合需求則需選取自訂。

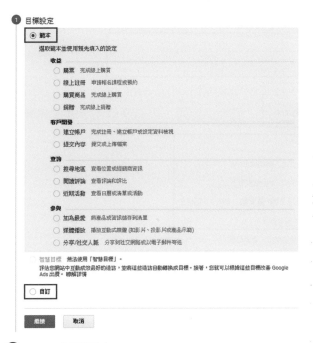

圖 19-4　目標設定

　　接著進行第二步驟「目標說明」的設定，如圖 19-5 所示。在此步驟中的設定項目有：目標名稱、目標版位 ID 以及目標類型。若在目標設定中選擇「範本」目標，此步驟的所有項目 GA 都會自動設定，但若選擇自訂目標，那麼各項目皆需自行設定。框線①處：目標名稱，需依照分析者需求來填寫，例如：「購買商品」、「線上註冊」或是「下載檔案」等。框線②處：目標版位 ID，它用來區別不同目標，因此每個目標名稱會對應一組目標版位 ID。

圖 19-5　目標說明

　　框線③處：目標類別，需依照分析者的需求進行選擇，其中有四個選擇項目分別為「目標網址」、「時間長度」、「單次工作階段數／畫面數」以及「事件」。若欲讓訪客在進入某特定頁面時即象徵目標達成，請選擇「目標網址」，但若欲讓訪客在網站停留特定時間以上才象徵目標達成，請選擇「時間長度」，而若欲讓訪客在特定網站造訪了特定的網頁數目時，即象徵目標達成，請選擇「單次工作階段數／畫面數」，最後，若欲讓訪客在觸發特定事件產生時即象徵目標達成，則請選擇「事件」。

　　接著進入第三步驟「目標詳情」的設定，它將會根據目標說明中的類型設定不同，而產生不同的資料輸入畫面。

(1) 類型：目標網址

　　若類型選擇「目標網址」，那麼在此步驟需設定的項目有「實際連結目標」、「價值」以及「程序」。以圖 19-6 為例，框線①處的「實際連結目標」需填入網頁網址，代表一旦訪客進入此頁面即達成目標。例如：在訪客瀏覽電子商務網站的行為中，抵達購買成功頁面即達成目標，這裡便可填入購買

成功頁面的網址。請注意！在填入網址過程中不可包含主機名稱，假設原本該頁面網址為「abc.com.tw/thanks.htm」，在進行目標設置時僅能填入「/thanks.htm」。框線②處的「價值」需填入與目標達成時等值的虛擬或實際金額，例如當訪客進入特定頁面等同於獲取 5 元新台幣的價值，此時即可於空格內填入5，若需改變貨幣幣別，可至管理員內的資料檢示設定進行更改。

圖 19-6　目標詳情 (類型：目標網址)

　　框線③處的「程序」是用來進行程序視覺呈現報表的創建，以當下所設定的目標做為最終巨觀目標，並在此項目中設定其他微觀目標 (其設定項目包含了微觀目標的名稱以及網址)，同樣在填寫「畫面／網頁」的項目時皆不可包含該頁網址的主機名稱。若需使用多項微觀目標產生第二步驟、第三步驟時，可點選「加入其他步驟」，例如：在進入購買成功頁面前，分析者預設訪客會依

序經過購物車清單以及付費畫面的頁面，故在程序的部分加入這兩個步驟。至於在第一步驟旁的「必要」選項，代表在目標達成前，是否要將第一步驟列為必經網頁，若要將第一步驟的頁面列為目標達成的必要條件時，需將其勾選。

(2) 類型：時間長度

　　若類型選擇「時間長度」，此步驟需設定的項目有「時間長度」以及「價值」，如圖 19-7 所示。框線①處的「時間長度」需根據網站內容的性質進行選擇，若一個網站經過評估需耗費 10 分鐘才可將內容完整查看，此時就可把時間長度設定為 10 分鐘，代表一旦訪客在此網站停留 10 分鐘以上，即達成目標。框線②處的「價值」需填入與目標達成時等值的虛擬或實際金額，例如：訪客在網站停留 10 分鐘，相當於在該網站上的廣告也曝光了 10 分鐘，預估這樣的曝光帶來了新台幣 0.5 元的價值，此時即可將價值設定為 0.5 元。

圖 19-7　目標詳情 (類型：時間長度)

(3) 類型：單次工作階段數／畫面數

　　若類型選擇「單次工作階段數／畫面數」，那麼此步驟需設定的項目有「單次工作階段頁數／畫面數」以及「價值」，如圖 19-8 所示。框線①處的「單次工作階段數／畫面數」需填入訪客造訪的頁面數。若今日有一個網站共

計有 10 張頁面，訪客只要造訪超過一半的頁面，即代表達成目標，此時就可將此項目設定為 5。框線②處的「價值」需填入與目標達成時等值的虛擬或實際金額，例如：訪客造訪 5 個頁面以上時，相當於獲得新台幣 10 元的價值，此時即可將價值設定為 10 元。

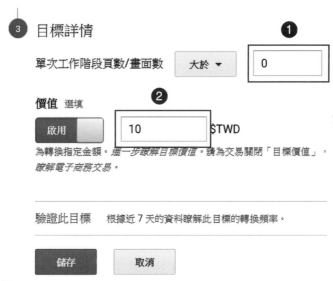

圖 19-8　目標詳情 (類型：單次工作階段數/畫面數)

(4) 類型：事件

若類型選擇「事件」，則此步驟需設定的項目僅有一項「事件條件」，如圖 19-9 所示。框線①處的「事件條件」需要填入事件的各項基礎設定值，包含事件類別、事件動作、活動標籤三項維度值以及事件價值一項指標值，關於事件的詳細介紹，請參考祕訣 17. 的內容。若今日有一個文件下載的事件，其事件追蹤程式碼為「onclick="ga('send', 'event', 'href', 'download', 'page1.pdf', '10');」，此時在目標的設定中，事件類別填入「href」，事件動作填入「download」，活動標籤填入「page1.pdf」，事件價值填入「10」，即可將訪客下載文件的動作列為一項目標。框線②處的選項是關於事件價值的設定方式，若要直接將事件追蹤內的價值做為目標價值，則將選項設定為「是」，若要額外設定目標價值時，則將選項設定為「否」，並在後方填入目標價值。

③ 目標詳情

事件條件
設定一或多項條件。事件觸發時，如果您設定的所有條件都符合，系統就會計算一次轉換。*您必須設定至少一個事件，才能建立這類目標。瞭解詳情*

類別	等於 ▼	href
動作	等於 ▼	download
標籤	等於 ▼	page1.pdf
價值	等於 ▼	10

使用事件價值做為這項轉換的目標價值

② 是

如果您在上方條件中定義的值與事件追蹤程式碼不符，將不會有目標價值。

圖 19-9　**目標詳情 (類型：事件)**

當目標設置完成後即可至 GA 平台「轉換 → 目標 → 總覽」查看目標報表，如圖 19-10 所示。若在目標說明中的類型選擇「目標網址」，並將「程序」功能開啟，可至「轉換 → 目標 → 程序視覺呈現」查看漏斗形狀報表，如圖 19-11 所示，且資料將會在網頁被觸發後的 24 小時內呈現於報表。

總覽

目標達成 ▼ 對比 選取指標　　　　　　　　　　　　　　　　　　　　　　　每小時　天　週　月

● 目標達成
1

0

| 2015年10月 | 2016年1月 | 2016年4月 | 2016年7月 | 2016年10月 | 2017年1月 | 2017年4月 | 2017年7月 |

| 目標達成 | 目標價值 | 目標轉換率 | 總放棄率 | 購票 (目標 1 達成) |
| 0 | $0.00 | 0.00% | 0.00% | 0 |

| 目標 | 目標達成位置 | 目標達成　% 目標達成 |
| 目標達成位置　▶ | 目前沒有資料。 | |

圖 19-10　**目標報表**

購票

有 0 個工作階段完成了這個「目標」| 程序轉換率為 0.00%

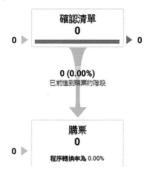

(圖) 19-11　程序視覺呈現報表

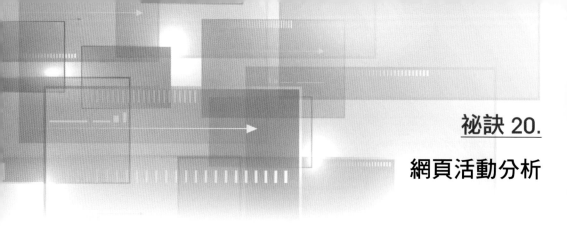

祕訣 20.

網頁活動分析

從本章可以學到

- 網頁活動分析的定義
- GA 網頁活動分析外掛
- 為何活動分析項目出現眾多相同百分比？
- 加強連結歸屬的操作

何謂網頁活動分析？

　　GA 提供了一項外掛工具，可以在不進入 GA 平台亦不透過事件追蹤程式碼的前提下，得知網頁上各連結的點擊情況，這項工具稱為網頁活動分析 (In-Page Analytics)，主要能協助分析者掌握訪客的視覺注意力。在一個充斥著各種連結、按鈕的網頁中，若尚未安裝這項外掛工具，分析者對於訪客在網頁上的任何操作，都必須進入 GA 平台查看條列式的報表，而透過這項工具，分析者便可以很直觀的在側錄網站中了解每一個連結或按鈕的受關注程度。

　　曾經風靡一時的網頁黃金三角理論說明了訪客在瀏覽頁面時，會將目光聚焦於畫面的左上角區塊，不過隨著網頁型態日漸複雜以及訪客瀏覽習慣改變，這項說法早已不適用。也就是說訪客的目光焦點會以不規則型態呈現，且所呈現出的分析結果會依照各網站內容的不同布置而有所差異。網頁活動分析除了能夠告訴分析者訪客的注意力所在，還能夠進行點擊率等多項指標的運算，使分析者了解哪些連結或是按鈕的轉換率是不足的，並引導分析者未來能夠加以改善的具體方向。

網頁活動分析的操作

首先，安裝網頁活動分析的外掛軟體。進入 Chrome 瀏覽器，點選「自訂及管理 (畫面右上三個點) → 更多工具 → 擴充功能」，如圖 20-1 框線處所示。

圖 20-1 安裝網頁活動分析的外掛軟體 (1)

點選圖 20-2 框線處主選單，並點選圖 20-3 框線處「開啟Chrome 線上應用程式商店」。

（圖）20-2　安裝網頁活動分析的外掛軟體 (2)

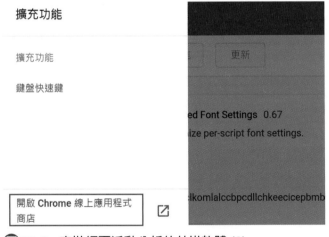

（圖）20-3　安裝網頁活動分析的外掛軟體 (3)

　　進入 Chrome 線上應用程式商店後，於圖 20-4 框線①處的搜尋框輸入「Page Analytics」進行搜尋，並點選框線②處「加到 Chrome」新增網頁活動分析的擴充功能。

圖 20-4　安裝網頁活動分析的外掛軟體 (4)

　　完成擴充功能的新增之後，瀏覽器的右上方處會出現網頁活動分析的圖標，如圖 20-5 框線處所示。

圖 20-5　安裝網頁活動分析的外掛軟體 (5)

　　完成外掛程式的安裝後回到側錄網站，並點選圖 20-6 箭頭處網頁活動分析的圖標使其顯示「On」，不過在讓網頁活動分析的功能運作前，必須先登錄包含有側錄網站編輯權限的 GA 帳戶，並且把無關的 Gmail 帳戶暫時登出，此時就會產生框線處的數據清單。

數據清單包含幾個基本元素如圖 20-7 所示，像是框線①處的區隔設定、框線②處的統計資料、框線③處的即時資料、框線④處的日期調整軸，以及框線⑤處的視覺化顯示設定。

圖20-6　網頁活動分析操作介面

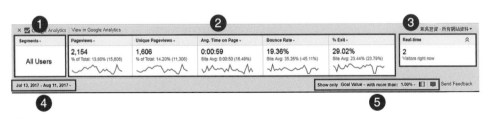

圖20-7　數據清單基本元素

數據清單的區隔設定能夠將特定的數據從母體數據中區隔出來。將區隔的下拉式選單展開，裡頭包含多項區隔項目，如圖 20-8 所示。例如：分析者若欲把「行動裝置流量」獨立出來查看，就可選取框線處的「Mobile Traffic」，此時數據清單就會同時顯示 Mobile Traffic 的行動裝置流量以及原本的 All Users 母體流量，讓兩者能夠同時對照。

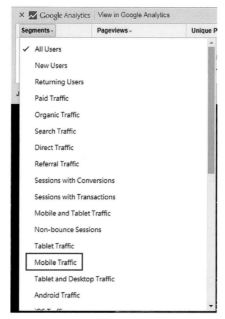

（圖）20-8　數據清單 (區隔設定)

　　數據清單的統計資料能夠顯示關於此頁面的各種指標資料，如圖 20-9 所示，不過它僅提供了五個指標項目的選取額度。每個指標名稱旁都附掛下拉式選單，裡面皆包含多項指標，可由分析者任意調整。另外在各項指標值下方的藍色折線圖為該指標在預設時間區段內的變化情形，預設時間區段是從昨日再往前回推一個月。

（圖）20-9　數據清單 (統計資料)

數據清單的即時資料能夠顯示目前該頁面的瀏覽人數，如圖 20-10 所示。若在尚未排除自我流量的情況下，此數值必大於 1，因為當分析者在操作網頁活動分析的功能時，必定是在開啟該網頁的狀況下使用，因此會記錄到自己的流量。

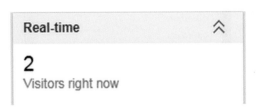

圖 20-10　數據清單 (即時資料)

數據清單的日期調整軸可以設定統計資料的流量區段，如圖 20-11 所示。另外，從框線①處的設定中可以選擇另外一組時間區段進行流量評比。例如：若要與上一年度同一時間區段的流量進行比較，可以將比較項目選擇為「Previous period」。此時統計流量就會以百分比的方式顯示，若原始區段流量優於比較區段流量，即會以綠色百分比呈現，若原始區段的流量劣於比較區段的流量，即呈現紅色的百分比，同時原本統計資料中的折線圖也會增添一條虛線折線圖，顯示比較區段的流量表現，如框線②處所示。

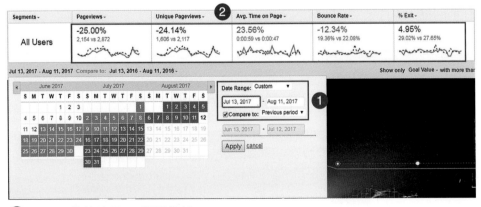

圖 20-11　數據清單 (日期調整軸)

　　數據清單的視覺化顯示設定可以呈現該頁面中各項超連結或是按鈕的觸發情形，點選圖 20-12 紅色箭頭處後，即可於畫面中顯示每一個可點擊項目的點擊百分比。若將滑鼠移動至百分比數值上，還會顯示該項目被點擊次數，藉此可得知訪客進入該頁面後，每個項目的轉換率優劣。此外，點選藍色箭頭處可使畫面依照訪客點擊熱度產生顏色分布，若顏色愈接近紅色代表熱區，愈接近藍色代表冷區，分析者可以透過這項功能輕鬆掌握訪客目光焦點。最後從框線處可以調整視覺化顯示的條件，例如：圖 20-12 框線處的設定為「Clicks with more than 0.10%」，代表目前追蹤的標的為訪客「點擊行為」，並且點擊率必須「大於 0.10%」才會顯示，分析者可以依照需求，自行更改追蹤標的以及點擊率顯示條件。

圖 20-12　數據清單 (視覺化顯示設定)

為何網頁活動分析出現很多相同百分比？

　　有些分析者在操作網頁活動分析功能時可能會發現，明明好幾個不同的按鍵，卻有著相同的點擊百分比，就算調整了日期範圍，雖然百分比數字有所變動，但按鍵彼此之間就好像有繩索綁在一起似的，百分比永遠一致，究竟是發生了什麼情況呢？難道是網頁活動分析的異常嗎？要回答這個問題，必須先從網頁活動分析的運作講起。

　　網頁活動分析的運作是以「網址」為單位進行流量蒐集，也就是說假設現今網頁上有兩個不同的按鍵，不管點擊哪一個皆會開啟同一個連結頁面，這時候就會導致這兩個按鍵的點擊率相同，並且以點擊率高的按鍵為主。此外，有些按鍵在被點擊之後不會產生新的連結頁面，而僅有在當下頁面產生變化，例如點擊後產生下拉式選單或是點擊後產生更新數據等，這些按鍵的百分比也會

呈現一致並且同樣以點擊率高的按鍵為主，因為它們同時使用了「當下頁面網址」為單位做為計算的基礎。

圖 20-13 中有四個超連結按鈕，且四個按鈕的所連結之目的頁皆相同。在網頁活動分析功能開啟的情況下，可以得知畫面下方紅框處的兩個超連結按鈕其點擊百分率相同且皆顯示為 45%，而且不管將日期調整至任何範圍，其點擊百分率總是會一致，這就是大多數人在使用網頁活動分析時，會遇到的困境，無法區分個別按鈕的確實點擊百分比。不過再將目光轉移至上方藍框處的兩個超連結按鈕，其點擊百分率就出現了差異，雖然它們的連結頁仍然相同，不過透過一種加強型連結歸屬 (Enhanced Link Attribution) 的功能設定，就可以讓點擊率依照按鈕的不同，獨立進行計算。

Segments ▾	Pageviews ▾	Unique Pageviews ▾
All Users	13 % of Total: 17.33% (75)	2 % of Total: 33.33% (6)

Sep 13, 2017 - Sep 13, 2017 ▾

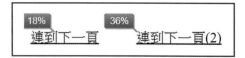

图20-13　相同連結按鈕

加強型連結歸屬

　　那麼何謂加強型連結歸屬呢？所謂連結指的就是按鍵，也就是訪客點擊的行為；歸屬是指訪客點擊後的依據，因此加強型連結歸屬的意思就是讓每一個訪客的點擊都有所依據，如此一來就可以讓分析者在操作網頁內容分析時，能夠以「按鍵」為單位來計算點擊率，而非以「網址」為計算單位。了解加強型連結歸屬的用途之後，接下來與各位分享如何進行這個功能的設定與操作。

　　首先進入網頁編輯後台，並在 analytics.js 版本的 GATC 中嵌入一段開啟加強型連結歸屬的程式碼 ga ('require' ,'linkid', 'linked.js')，如圖 20-14 框線處所示。

```
<script>
  (function(i,s,o,g,r,a,m){i['GoogleAnalyticsObject']=r;i[r]=i[r]||function(){
  (i[r].q=i[r].q||[]).push(arguments)},i[r].l=1*new Date();a=s.createElement(o),
  m=s.getElementsByTagName(o)[0];a.async=1;a.src=g;m.parentNode.insertBefore(a,m)
  })(window,document,'script','https://www.google-analytics.com/analytics.js','ga');

  ga('create', 'UA-104196669-1', 'auto');
  ga('require','linkid','linkid.js');
  ga('send', 'pageview');

</script>
```

圖 20-14　開啟加強型連結歸屬程式碼 (analytics.js)

　　若使用的是 gtag.js 版本 GATC，請在 config 命令後方加入 link_attribution 參數，並設定其布林值為 true，如圖 20-15 框線處所示。

```
<head>
<!-- Global site tag (gtag.js) - Google Analytics -->
<script async src="https://www.googletagmanager.com/gtag/js?id=UA-104196669-1"></script>
<script>
  window.dataLayer = window.dataLayer || [];
  function gtag(){dataLayer.push(arguments);}
  gtag('js', new Date());

  gtag('config', 'UA-104196669-1', {'link_attribution': true});
</script>
```

圖 20-15　開啟加強型連結歸屬程式碼 (gtag.js)

接著在擁有相同超連結頁面的程式碼中皆嵌入「id」參數，並且給予不同的 id 值，如圖 20-16 框線處所示，使得加強型連結歸屬能夠依據不同的 id 值進行按鍵辨識。

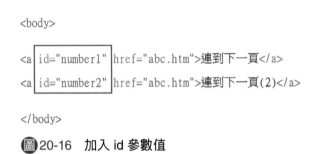

```
<body>

<a id="number1" href="abc.htm">連到下一頁</a>

<a id="number2" href="abc.htm">連到下一頁(2)</a>

</body>
```

圖 20-16　加入 id 參數值

接著，進入 GA 平台管理員，並在資源層下點選「資源設定」，將加強型連結歸屬的功能開啟。此設定在預設情況下是關閉狀態，開啟時呈現如圖 20-17 畫面。

網頁活動分析

使用加強連結歸屬
加強連結歸屬可讓我們更有效地追蹤您網頁上的連結，但您必須對追蹤程式碼略做修改。若要在網站上設定加強連結歸屬，請按照下列指示進行：如何在我的網站上設定加強連結歸屬？

啟用

在以下網頁啟用網頁活動分析：
◉ 嵌入模式 (建議使用)
○ 完整檢視模式
建議您在網站無法以嵌入模式載入的情況下，才使用完整檢視模式。

圖 20-17　GA 平台開啟加強型連結歸屬

最後，回到側錄網站的頁面觸發超連結，並開啟網頁活動分析功能，查看有加入加強連結歸屬功能後的成果，不過由於它是非即時報表資訊，流量成果會不定期的在 24 小時之內產生。以圖 20-18 為例，可以很清楚得知位在左邊

的超連結其點擊百分率為 15%，右邊的超連結其點擊百分率為 31%。就算此兩個超連結被點擊之後，都會進入相同頁面，但並不會因此受到影響，它們皆是獨立計算點擊率。

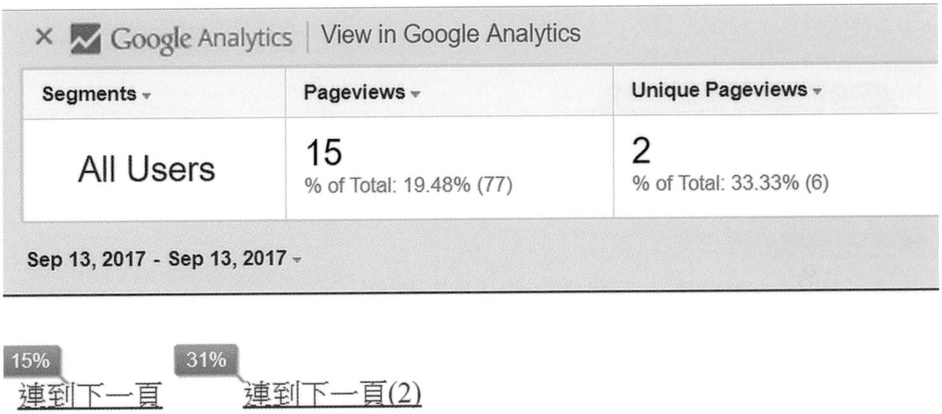

15%　連到下一頁　　31%　連到下一頁(2)

圖 20-18　加強型連結歸屬成果

- 區隔的用途
- 自訂區隔的操作
- 為何區隔流量前後，母體流量會發生改變？

關於區隔

　　市場區隔在傳統行銷中是不可或缺的環節之一，這個概念是在 1956 年由學者 Wendell Smith 所提出，說明一個龐大的市場若依照消費者特徵、偏好或是需求的不同進行分類並切割成多個小市場，業者就能夠更有效率的滿足來自四面八方不同的需求。舉個例子來說，今日手機大廠依據年齡層將市場切割為年輕客群、商務客群以及老年客群，並透過問卷方式得知年輕客群注重手機的外觀質感、商務客群注重手機功能、老年客群注重手機操作便利性，因此手機大廠就可以有所根據的進行產品設計以滿足不同屬性的消費族群，成功的進行市場區隔。不過重點在於要如何打造一個好的市場區隔，才能使族群與族群間具有相當程度的差異性？透過問卷的方式既費時又費力，在這個數位化時代裡，取而代之的是透過流量分析工具，從數據中淘金。

　　每次進入 GA 平台查看報表，顯示的流量皆為未經過整理的母體流量，既龐大又雜亂，且每一項指標運算的方式以及維度呈現的方式皆是以母體流量做為基礎，因此透過 GA「流量區隔」的功能可以幫分析者把特定的流量從母體流量中獨立出來，將流量分門別類的整理好。舉個例子來說，一個國際大型網

站，若要依據訪客地理位置的差異將流量區隔為美洲、亞洲、歐洲的流量獨立觀察，這時就可以透過流量區隔的功能來達成。

說到這裡，不知道各位是否還記得前面的章節有一項功能與流量區隔具有異曲同工之妙呢？那就是「篩選器」。回顧一下當時對篩選器的介紹，它不只能夠將特定流量進行排除，也可以只保留特定流量，達到流量區隔的效果，不過當時強調過篩選器的設定具有不可回溯性，若要在不影響母體流量的情況下操作，建議再建立一個新的資料檢視。因此篩選器與區隔兩者不同之處在於「流量區隔」的運作方式，區隔的運作並不會影響母體流量。除此之外，由區隔所獨立出來的流量還能夠直接與母體流量進行對照與比較。以下將為各位讀者介紹流量區隔的操作及說明。

區隔的操作

流量區隔的功能在許多 GA 報表中皆可看見，以「目標對象 → 總覽」的報表做為舉例，流量區隔位於報表上方 (如圖 21-1 所示)，請點選框線處的「＋新增區隔」便可開始建立新的區隔步驟。

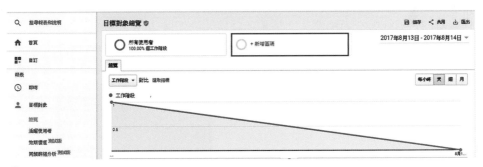

圖 21-1　新增區隔

首先進入圖 21-2 畫面，從中可看見 GA 預設狀態下的區隔項目，分析者可直接選取所需的區隔項目，並點選框線①處的「套用」完成設定。不過若所有預設項目皆未能滿足分析者需求，可點選框線②處「從資源庫匯入」，採用

其他 GA 使用者已設定完成且分享在 GA 平台上供他人使用的區隔項目。若仍
然無法從中找尋到符合需求的區隔項目,可點選框線③處「+新增區隔」進行
自訂區隔的設定。另外,也可以點選框線④處「分享區隔」,將自己設定好的
區隔分享在 GA 平台上供他人取用。

圖 21-2　建立區隔操作畫面

　　若點選「從資源庫匯入」即會出現一個彈出視窗,如圖 21-3 所示,請點擊
框線處的「前往解決方案庫」。接著,就會開啟如圖 21-4 的網頁。分析者可從
這眾多區隔範例中進行挑選,且點選如框線處的「Import」即可直接取用。

圖 21-3　從資源庫匯入

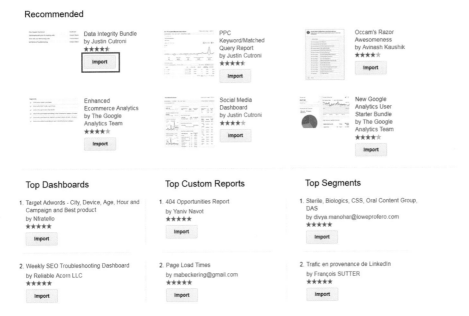

Recommended

| | Data Integrity Bundle by Justin Cutroni ★★★★★ Import | | PPC Keyword/Matched Query Report by Justin Cutroni ★★★★★ Import | | Occam's Razor Awesomeness by Avinash Kaushik ★★★★☆ Import |
| | Enhanced Ecommerce Analytics by The Google Analytics Team ★★★★☆ Import | | Social Media Dashboard by Justin Cutroni ★★★★☆ Import | | New Google Analytics User Starter Bundle by The Google Analytics Team ★★★★☆ Import |

Top Dashboards

1. Target Adwords - City, Device, Age, Hour and Campaign and Best product
by Nfratello
★★★★★
Import

2. Weekly SEO Troubleshooting Dashboard
by Reliable Acorn LLC
★★★★★
Import

Top Custom Reports

1. 404 Opportunities Report
by Yaniv Navot
★★★★★
Import

2. Page Load Times
by mabeckering@gmail.com
★★★★★
Import

Top Segments

1. Sterile, Biologics, CSS, Oral Content Group, DAS
by divya.manohar@loweprofero.com
★★★★★
Import

2. Trafic en provenance de LinkedIn
by François SUTTER
★★★★★
Import

圖 21-4　從解決方案匯入

　　回到圖21-2的設定介面，若點選「+新增區隔」即會出現如圖 21-5 畫面，框線①處為區隔名稱，可根據分析者需求進行命名。框線②處為自訂區隔的類別，分別有客層、技術、行為、最初工作階段日期、流量來源以及加強型電子商務六種類別。若選擇「客層」，則會以訪客特徵做為區隔項目，例如：性別、年齡；若選擇「技術」，則會以裝置資訊做為區隔項目，例如：裝置類別、作業系統；若選擇「行為」，則會以訪客造訪特性做為區隔項目，例如：工作階段數、工作階段時間長度；若選擇「最初工作階段日期」則會以訪客第一次接觸側錄網站的時間點做為區隔項目；若選擇「流量來源」則會以訪客造訪來源做為區隔項目，例如來源、媒介；若選擇「加強型電子商務」，則會以訪客交易狀況做為區隔項目，例如收益、產品類別。以上六種類別中的所有項目皆可同時設定，且仍算在同一次區隔內。框線③處的進階功能包含了「條件」以及「順序」，條件是用來設定更細部的區隔，順序是用來設定訪客具時序性動作的區隔。框線④處的摘要用來表示目前設定的區隔占據母體流量的比

例。在初步介紹自訂區隔的操作介面以後，接下來將示範上述六種類別以及兩種進階功能的操作。

(圖)21-5　資源庫畫面

(1) 客層

以「客層」做為類別的區隔項目，包含了年齡層、性別、語言、興趣相似類別、潛在買家區隔、其他類別以及地區。在這幾個項目中除了年齡層以及性別之外，其餘項目皆具有運算式，相較於在介紹「篩選器」時所使用到的運算式，此處的運算式選項更加多元且功能更加強大。除此之外，分析者不必擔心空格內的項目如何填寫，只需要在空格中點擊一下滑鼠，即會出現該項目常用的選項參考。例如今日欲查看年齡介於 18-24 歲的女性且具有音樂相關興趣的訪客流量，設定結果會如圖 21-6 所示，這樣的區隔設定占據所有使用者的3.78%。

圖 21-6　自訂區隔 (客層)

(2) 技術

　　以「技術」做為類別的區隔項目，包含作業系統、作業系統版本、瀏覽器、瀏覽器版本、螢幕解析度、裝置類別、行動裝置、行動裝置品牌塑造以及行動裝置型號。當中除了區隔訪客是否使用行動裝置進站的是非題選項外，其餘項目皆需透過運算式來設定。例如：今日欲查看 iPhone 使用者的流量表現，設定結果如圖 21-7 所示，而這樣的區隔設定占據所有使用者流量的 12.35%。

圖 21-7　自訂區隔 (技術)

(3) 行為

以「行為」做為類別的區隔項目包含工作階段、距上次工作階段天數、交易次數以及工作階段時間長度。由於這些項目皆屬於指標而非維度,因此它們以數學符號做為運算式,例如:「>」、「<」、「=」等。此外「交易次數」以及「工作階段時間長度」這兩個項目還需設定運算標的,分析者需按使用者、工作階段或是匹配進行運算,其中匹配意指使用者的單一行為,像是點擊行為。例如:今日欲查看工作階段大於等於五次,在三日之內曾經進入側錄網站後有進行交易且停留時間大於 10 分鐘(工作階段時間長度的單位為秒)的訪客,設定結果如圖 21-8 所示,此區隔設定占據所有使用者流量的 0.17%。

圖 21-8　自訂區隔 (行為)

(4) 最初工作階段日期

以「最初工作階段日期」做為類別的區隔項目僅有一個,也就是最初工作階段。換言之,此區隔項目之目的在於查看特定日期或特定區間的新訪客流量表現。它的運算式包含「介於」、「於」、「此日期當天或之前」、「此日期當天或之後」四個選項。例如:今日欲查看 2017 年 7 月份的新訪客流量表現,設定結果如圖 21-9 所示。這樣的區隔設定占據所有使用者流量的 65.06%,此外在設定最初工作階段日期時需注意一件事,區隔項目中所設定的日期需包含在框線處的設定日期內。

圖 21-9　自訂區隔 (最初工作階段日期)

(5) 流量來源

　　以「流量來源」做為類別的區隔項目，包含廣告活動、媒介、來源以及關鍵字。此外，在設定這些區隔項目前需先定義此項目要以使用者或是工作階段做為計算標的。例如：今日欲查看 YouTube 推薦流量，設定結果如圖 21-10 所示，此區隔設定占據所有使用者流量的 11.43%。

圖 21-10　自訂區隔 (流量來源)

(6) 加強型電子商務

以「加強型電子商務」做為類別的區隔項目，包含收益、產品、產品類別、產品品牌以及產品子類，此類別必須要開啟 GA 電子商務功能才可使用，關於電子商務的操作請參考祕訣 22.。在設定以上項目前，必須先選定要進行區隔的情境，「放進購物車」、「購買商品」或者兩者皆是。不過若選擇「放進購物車」情境，就不會有「收益」的區隔設定項目，畢竟在那個環節還尚未牽扯到金錢交易。另外，由於「收益」這個項目是一項指標，因此其運算式也由數學符號表示，例如：「＞」、「＜」、「＝」。假設今日欲查看消費超過 50 元美金且消費產品類別屬於背包類 (Bags) 的訪客流量狀況，設定結果如圖 21-11 所示，這樣的區隔設定占據所有使用者流量的 0.34%。

圖 21-11　自訂區隔 (加強型電子商務)

(7) 條件

若使用進階功能中的「條件」，這時區隔項目的選擇就變得更加彈性，分析者甚至可以使用自訂維度、自訂指標做為區隔項目。此進階設定在操作畫面中雖然顯示為「篩選器」，不過它與之前介紹過的篩選器不同，在這裡使用過的資料是可以回溯且不影響母體流量的。我們可以把一次的進階區隔設定看作

是由多個可回溯資料的篩選器組成，在使用這項進階功能過程中，有兩種增加
區隔項目的方式，其一是可將多個區隔項目放進同一個篩選器，並用「且」、
「或」將不同項目串連起來，不過最多一次僅能串聯 20 個項目；其二是可使
用多個獨立的篩選器來進行流量區隔。

　　這項進階功能強大的地方在於，若要在單一維度的情況下使用多個維度值
進行流量區隔，不需透過困難的規則運算式來表達，而是能夠以直觀的方式來
選取，這對於程式撰寫有困難的人來說方便了許多。例如：今日欲使用「來
源」這項單一維度同時將來自於 YouTube、Twitter、Facebook 的來源值區隔在
一起時，設定結果如圖 21-12，先從框線①處進行區隔項目的選擇並且調整運
算式，接著從框線②處選擇「且」、「或」來表達區隔項目的串接，此外若要
刪除區隔項目可以點選「－」符號。分析者也可以點選框線③處的「新增篩選
器」再建立一個獨立的篩選器。由於此範例帳戶未有同時滿足此三項來源的流
量，因此這樣的區隔設定占據所有使用者的 0%。

圖 21-12　自訂區隔 (條件)

(8) 順序

　　進階功能中的「順序」用來設定訪客具時序性動作的區隔，比方說訪客瀏覽了網頁 A 之後接續點擊了按鈕 B，這兩個不同的行為之間並非「且」、「或」關係，而是具有時序性的。因此 GA 為了方便分析者可以區隔出這類型資料，提供了「順序」的進階功能。若今日欲查看訪客在側錄網站中的行為依序為「進入某頁面 → 觸發某事件」的區隔，設定結果如圖 21-13。

　　首先於框線①處進行篩選器的基本設定以及順序起點的設定，其中順序起點的設定包含了「任何使用者互動」以及「最初使用者互動」。其次於框線②處進行各步驟的設定，第一步驟「進入某頁面」以「網頁」做為判斷方式，第二步驟「觸發某事件」以「事件動作」做為判斷方式。此外，每一個步驟內還可以再加入「且」、「或」來增加區隔條件，各步驟之間的串接可以選擇「後面緊接著」或是「後面接著」。如此豐富的設定結構能夠幫助分析者精確的進行流量區隔，以上區隔設定占據所有使用者流量的 2.63%。

圖 21-13　自訂區隔 (順序)

　　若完成上述任一種區隔設定並按下儲存後會發生什麼情形呢？筆者以區隔出 18-24 歲的年輕女性做為示範，從圖 21-14 可以得知，框線處會新增一項區

隔名稱，接著下方各項指標皆會多出區隔項目的指標值，可直接與所有使用者的流量進行比較。此外折線圖中也會多出一條由年輕女性流量鋪陳而來的線圖，圓餅圖也會多新增一個用來區分年輕女性流量中的新訪客以及回頭訪客。

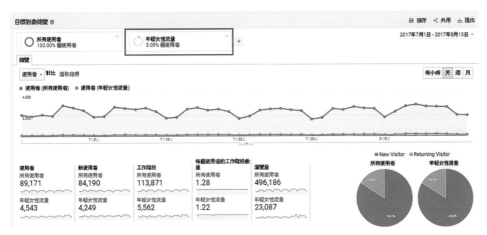

圖 21-14　區隔設定完成

為何在進行資料區隔的前與後母體流量改變了？

圖 21-15 以及圖 21-16 分別為進行資料區隔前以及區隔後之狀況，各位讀者可以從這兩張圖中的紅框處發現相異之處。雖然工作階段數量相同，不過使用者以及瀏覽量卻因此改變了，這是什麼原因造成的呢？

欲了解此現象必須得先談到 GA 蒐集資料的過程。一般而言 GA 在蒐集資料時，會先將資料整理好並且經過運算後儲存於資料庫中，等待分析者需要查看時就能夠即時的呈現，不過這種情況僅適用於預設報表，也就是不經過額外設定的原始報表。當分析者需要查看客製化報表時，例如加入次要維度或者使用進階區隔，狀況就並非如此了，因為這些操作行為必須由 GA 當下進行處理，所以當 GA 遇上大型資料又要符合分析者需求呈現出客製化報表時，就會採取「抽樣」的做法，而為了平衡報表產生的速度以及數據精準度，GA 會自動判定該抽樣多少資料量。此外，所謂的大型資料意指工作階段達到 50 萬次

以上，一旦超過這個臨界值，GA 就會依據現況抽樣數據來處理，再呈現於報表中。

另外，各位讀者也可以在圖 21-15 以及圖 21-16 發現另外一個差異 (如藍框處所示)，那就是位在報表名稱旁的盾牌顏色不同。進行資料區隔前呈現綠色，不過在進行資料區隔後變成了黃色，這表示 GA 提醒分析者目前它正處理著大型資料，因此會採取「抽樣」做法，接下來就放大來看這個盾牌中的內涵。

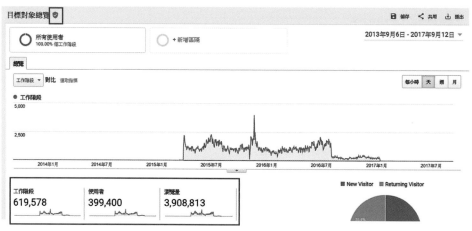

圖 21-15　區隔前報表

圖 21-16　區隔後報表

　　將滑鼠游標移動至使用資料區隔後所產生的黃色盾牌上 (如圖 21-17 所示)，其中有兩個選項可以進行切換，分別為「回應速度更快」以及「精準度更高」。若選擇回應速度更快，GA 所抽樣的程度就會愈高，主要是為了讓愈少資料進行處理以因應伺服器回應速度提升之需求。以下圖為例，它取樣了 40.16% 的工作階段。而相反的若選擇精準度更高，則 GA 抽樣的程度就會較低，這是為了讓更多的資料可以被處理，如此便能讓分析結果更為接近母體數量，精準度就會因此提升。

圖21-17　GA 資料處理調速盾牌

祕訣 22.

電子商務追蹤

從本章可以學到

- 追蹤產品曝光
- 追蹤產品被點擊行為
- 追蹤產品內部推薦連結被點擊行為

電子商務追蹤介紹

如果自己經營的網站涉及到線上交易,那麼電子商務追蹤肯定是不可或缺的功能。在預設狀況下,GA 僅能蒐集訪客瀏覽資訊而無法記錄產品銷售資訊,因此若要讓訪客瀏覽資訊 (例如:工作階段、跳出率、流量來源) 能夠與銷售資訊 (像是收益、交易次數、暢銷商品等項目) 進行連結的話,就必須額外進行電子商務追蹤,方可達成。

電子商務追蹤功能的啟用

開啟電子商務追蹤的功能必須經過兩個步驟,分別為平台內開啟以及程式碼開啟。

(1) 平台內開啟

電子商務追蹤隸屬於資料檢視層級,若要進行電子商務設定,首先請進入 GA 管理員,並且在資料檢視層中點選圖 22-1 框線處的「電子商務設定」。

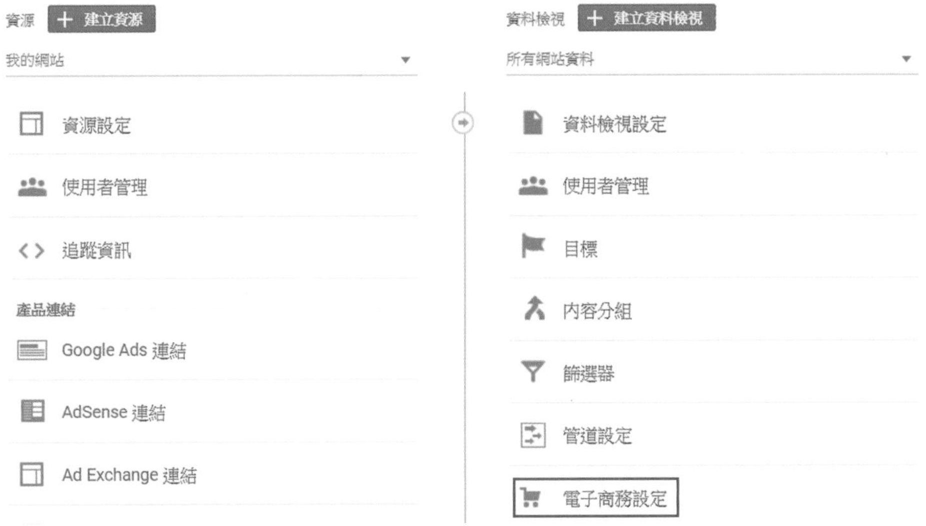

資源　[＋ 建立資源]

我的網站　▼

　　🔲　資源設定

　　👥　使用者管理

　　< >　追蹤資訊

產品連結

　　▦　Google Ads 連結

　　▤　AdSense 連結

　　🔲　Ad Exchange 連結

資料檢視　[＋ 建立資料檢視]

所有網站資料　▼

　　📄　資料檢視設定

　　👥　使用者管理

　　🚩　目標

　　🏃　內容分組

　　🔻　篩選器

　　⇥　管道設定

　　🛒　電子商務設定

圖 22-1　電子商務追蹤──平台內開啟 (1)

　　進入電子商務設定畫面後，首先請「啟用電子商務」，之後再「啟用加強型電子商務報表」，如圖22-2所示。

電子商務設定

啟用電子商務

請依照《電子商務開發人員參考指南》，為網站正確設定追蹤程式碼。

[啟用 ○]

啟用加強型電子商務報表

[啟用 ○]

Checkout Labeling 選填

為您在電子商務追蹤程式碼中指定的結帳程序步驟建立標籤。請使用一看就懂的名稱，因為這些名稱會顯示在報表中。

程序步驟

＋　┌─────────────────────┐　[新增程序步驟]

圖 22-2　電子商務追蹤──平台內開啟 (2)

　　既然名為「加強型」電子商務，代表相對於過去 GA 功能出現了新的突破，在過去僅能從中得知產品銷售數量以及收入表現，現在甚至可以透過數據的蒐集來了解訪客購買前的行為以及產品資訊成效。因此請如圖22-2點擊框線處的「新增程序步驟」，加入訪客產生購買行為前可能的程序。例如：點擊加入購物車以及點擊前往結帳，如圖22-3所示。若需增加更多步驟，請再次點擊紅框處的「新增程序步驟」，完成後點擊藍框處的「儲存」，即完成平台內開啟電子商務之設定。

圖 22-3　電子商務追蹤──平台內開啟 (3)

(2) 程式碼開啟

　　若以 analytics.js 版本的 GATC 做為基礎，加強型電子商務的功能主要是透過「ga ('require', 'ec');」的程式碼來開啟，而這段程式碼需放置於 GATC 當中，如圖 22-4 框線處所示。不過若是以 gtag.js 版本的 GATC 做為基礎，則不需要額外嵌入開啟加強型電子商務功能的程式碼，即可直接使用。

```
<script>
  (function(i,s,o,g,r,a,m){i['GoogleAnalyticsObject']=r;i[r]=i[r]||function(){
  (i[r].q=i[r].q||[]).push(arguments)},i[r].l=1*new Date();a=s.createElement(o),
  m=s.getElementsByTagName(o)[0];a.async=1;a.src=g;m.parentNode.insertBefore(a,m)
  })(window,document,'script','https://www.google-analytics.com/analytics.js','ga');

  ga('create', 'UA-104196669-1', 'auto');
  ga('require', 'ec');
  ga('send', 'pageview');
</script>
```

圖 22-4　電子商務追蹤──程式碼開啟 (analytics.js)

電子商務設定與操作

　　開啟了加強型電子商務功能後，接下來就要進行加強型電子商務的追蹤設定。加強型電子商務主要可以追蹤以下幾種狀況：(1) 追蹤產品曝光次數；(2) 追蹤產品點擊行為；(3) 追蹤產品內部推廣項目點擊行為。以上皆需透過程式碼來進行設定，其中追蹤產品曝光次數是透過「addImpression」語法進行捕捉；追蹤產品點擊行為則是透過「addProduct」語法進行捕捉，至於追蹤產品內部推廣項目點擊行為是藉由「addPromo」語法進行捕捉。

(1) 追蹤商品曝光次數

　　首先從 addImpression 語法談起，它通常放置於使產品曝光的頁面中，例如：產品清單、搜尋結果列表等。假如今日欲得知「玻璃馬克杯」於電子商務網站的曝光次數，此時就需使用 addImpression 語法，若以 analytics.js 版本的 GATC 為基礎，程式碼撰寫方式如圖 22-5。addImpression 語法內含多項元素，像是「id」產品 ID、「name」產品名稱、「list」產品位置、「category」產品類別、「brand」產品品牌、「variant」產品特徵、「position」產品位置編號以及「price」產品價格。其中「id」以及「name」屬於必填元素，其餘皆為選填元素。另外，「position」以及「price」僅能以數字型態表示。

```
ga('require','ec');
ga('ec:addImpression',{
    "id": "a001",            //設定產品ID
    "name": "玻璃馬克杯",      //設定產品名稱
    'list':""搜尋結果",       //設定產品位置
    "category": "杯子類",     //設定產品種類
    "brand": "ABC品牌",       //設定產品品牌
    "variant": "黑色",        //設定產品特徵
    "position": 1,           //設定產品位置編號
    "price": 50              //設定產品價格
})
```

圖22-5　追蹤商品曝光 (analytics.js)

　　若是以 gtag.js 版本的 GATC 做為基礎，程式碼撰寫方式如圖 22-6。它使用了「view_item_list」的事件名稱來記錄產品曝光資料，其中事件中包含了八個元素，與 analytics.js 版本的 GATC 相比，不同之處在於記錄產品位置的參數改為「list_name」，且記錄產品位置編號的參數改為「list_position」。

```
gtag('event', 'view_item_list', {
"items": [
  {
    "id": "a001",            //設定產品ID
    "name": "玻璃馬克杯",      //設定產品名稱
    "list_name":"搜尋結果"    //設定產品位置
    "category": "杯子類",     //設定產品種類
    "brand": "ABC品牌",       //設定產品品牌
    "variant": "黑色",        //設定產品特徵
    "list_position": 1,      //設定產品位置編號
    "price": 50              //設定產品價格
  }
]});
```

圖22-6　追蹤商品曝光 (gtag.js)

(2) 追蹤產品點擊行為

　　若今日「玻璃馬克杯」這項產品的曝光受到了訪客注意，接下來就要使用 addProduct 語法追蹤訪客對於單一產品的操作行為，它通常放置於兩種頁面，分別為產品曝光頁面以及單一產品介紹頁面。假設產品曝光頁面稱做 A，單一

產品介紹頁面稱做 B，一般訪客在 A 頁面受到特定產品吸引，即會點擊該產品進入 B 頁面，若要追蹤訪客「從 A 頁面點擊產品進入 B 頁面」的動作，此時需將 addProduct 語法放置於 A 頁面。不過，若要追蹤訪客進入 B 頁面後所進行瀏覽或產生的任何點擊動作時，就要將 addProduct 語法放置於 B 頁面。

為了要追蹤訪客的任何動作，addProduct 語法必須搭配 setAction 語法一起使用，而 setAction 語法專門用來記錄訪客的動作名稱。例如：今日若欲追蹤訪客從產品清單上點擊「玻璃馬克杯」這項產品進入該產品介紹頁面的動作，analytics.js 版本之設定方式如圖 22-7，並且要將其安裝於產品清單頁面中。addProduct 的語法內含多項元素，與 addImpression 相比又新增了兩個元素，分別為「quantity」產品數量以及「coupon」產品優待券名稱或編號，不過卻沒有「list」產品位置。其中「id」以及「name」仍屬於必填元素，其餘皆為選填元素。

```
ga('ec:addProduct',{
    "id": "a001",              //設定產品ID
    "name": "玻璃馬克杯",        //設定產品名稱
    "category": "杯子類",       //設定產品種類
    "brand": "ABC品牌",        //設定產品品牌
    "variant": "黑色",          //設定產品特徵
    "coupon":"ABC123"          //設定產品優待券編號
    "position": 1,             //設定產品位置編號
    "quantity": 2,             //設定產品數量
    "price": 50                //設定產品價格
})
ga('ec:setAction','click',
{'list': '搜尋結果'});  //追蹤產品被查看的動作
```

圖22-7　**追蹤產品被點擊查看的行為** (analytics.js)

若是以 gtag.js 版本的 GATC 為基礎，程式碼撰寫方式如圖 22-8 所示。它使用了「select_content」的事件名稱來記錄產品被點擊的行為。

```
gtag('event', 'select_content', {
"content_type": "product",
"items": [
{
  "id": "a001",              //設定產品ID
  "name": "玻璃馬克杯",        //設定產品名稱
  "brand": "ABC品牌",        //設定產品品牌
  "category": "杯子類",       //設定產品種類
  "variant": "黑色",          //設定產品特徵
  "coupon":"ABC123"          //設定產品優待券編號
  "list_position": 1,        //設定產品位置編號
  "quantity": 2,             //設定產品數量
  "price": 50                //設定產品價格
}
]});
```

圖 22-8　追蹤產品被點擊查看的行為 (gtag.js)

(3) 追蹤產品被加入購物車行為

　　若今日欲追蹤訪客於單一產品介紹頁面點擊「加入購物車」的動作時，則需在事件追蹤的程式碼前加入 addProduct 及 setAction 語法，使得購物車按鈕的事件被觸發時，能夠與加強型電子商務一起綁定，也就是夾帶著產品資訊以及訪客對此產品進行的操作。analytics.js 版本之設定方式如圖 22-9，並要將其安裝於附有購物車按鈕之頁面。

```
ga('ec:addProduct',{
  "id": "a001",              //設定產品ID
  "name": "玻璃馬克杯",        //設定產品名稱
  "category": "杯子類",       //設定產品種類
  "brand": "ABC品牌",        //設定產品品牌
  "variant": "黑色",          //設定產品特徵
  "coupon":"ABC123"          //設定產品優待券編號
  "position": 1,             //設定產品位置編號
  "quantity": 2,             //設定產品數量
  "price": 50                //設定產品價格
})
ga('ec:setAction','add');
ga('send','event','enhanced ecommerce',
'button click','add to cart'); //購物車按鈕事件追蹤
```

圖 22-9　追蹤產品被加入購物車行為 (analytics.js)

　　若是以 gtag.js 版本的 GATC 為基礎，程式碼撰寫方式如圖 22-10 所示。
它使用了「add_to_cart」的事件名稱來記錄產品被加入購物車的行為。

```
gtag('event', 'add_to_cart', {
"items": [
  {
    "id": "a001",              //設定產品ID
    "name": "玻璃馬克杯",        //設定產品名稱
    "list_name":"搜尋結果"      //設定產品位置
    "category": "杯子類",       //設定產品種類
    "brand": "ABC品牌",         //設定產品品牌
    "variant": "黑色",          //設定產品特徵
    "list_position": 1,        //設定產品位置編號
    "quantity": 2,             //設定產品數量
    "price": 50                //設定產品價格
  }
]});
```

📖 22-10　追蹤產品被加入購物車行為 (gtag.js)

(4) 追蹤訪客購買產品行為

　　若今日欲追蹤訪客對於某產品的「購買」動作，可使用 addProduct 以及
setAction 語法，其中可在 setAction 語法中加入交易資訊，就 analytics.js 版本
而言，其設定如圖 22-11，並要將其安裝於附有購物按鈕的頁面。

```
ga('ec:addProduct',{
  "id": "a001",              //設定產品ID
  "name": "玻璃馬克杯",        //設定產品名稱
  "category": "杯子類",       //設定產品種類
  "brand": "ABC品牌",         //設定產品品牌
  "variant": "黑色",          //設定產品特徵
  "coupon":"ABC123"          //設定產品優待券編號
  "position": 1,             //設定產品位置編號
  "quantity": 2,             //設定產品數量
  "price": 50                //設定產品價格
})
ga('ec:setAction','purchase',{
  'id':"A001",               //設定交易ID
  'revenue':53,              //設定交易收入
  'tax':1,                   //設定交易稅金
  'shipping':2,              //設定交易運費
  'coupon':'ABC123'          //設定交易優待券編號
});
```

📖 22-11　追蹤訪客購買產品的行為 (analytics.js)

　　若是以 gtag.js 版本的 GATC 為基礎，程式碼撰寫方式如圖 22-12 所示。它使用了「purchase」的事件名稱來記錄產品被購買之行為。

```
gtag('event', 'purchase', {
"transaction_id":"A001", //設定交易ID
"value":53,                 //設定交易收入
"tax":1,                    //設定交易稅金
"shipping":2,               //設定交易運費
"items": [
{
  "id": "a001",             //設定產品ID
  "name": "玻璃馬克杯",       //設定產品名稱
  "list_name":"搜尋結果"     //設定產品位置
  "category": "杯子類",      //設定產品種類
  "brand": "ABC品牌",        //設定產品品牌
  "variant": "黑色",         //設定產品特徵
  "list_position": 1,        //設定產品位置編號
  "quantity": 2,             //設定產品數量
  "price": 50                //設定產品價格
}
]});
```

圖 22-12　追蹤訪客購買產品的行為 (gtag.js)

(5) 追蹤訪客點擊內部推廣項目行為

　　若今日訪客於瀏覽電子商務網站的過程中被一項站內推廣的「手機殼」廣告吸引，這時即可使用 addPromo 語法進行訪客對於此內部推廣項目的行為捕捉。若要同時記錄訪客的點擊動作，就要使用到 setAction 語法，並將其放置於內部推廣的事件追蹤程式碼前。analytics.js 版本之設定方式如圖 22-13，並要將其安裝於附有內部推廣項目之頁面。若是以 gtag.js 版本的 GATC 為基礎，程式碼撰寫方式如圖 22-14 所示。它使用了「select_content」的事件名稱來記錄內部推廣項目被點擊之行為。

```
ga('ec:addPromo',{
'id':'A100',              //設定內部推廣項目ID
'name':'透明手機殼',        //設定內部推廣項目名稱
'creative':'限時大特價',//設定內部推廣項目標語
'position':'banner1'      //設定內部推廣項目位至名稱或編號
});

ga('ec:setAction','promo_click'); //追蹤內部推廣被點擊的動作
ga('send','event','internal promotion',
'Click','phone case'); //內部推廣事件追蹤
```

圖 22-13　追蹤訪客點擊內部推廣的廣告行為 (analytics.js)

```
gtag('event','select_content',{
"promotions":[
  {
    'id':'A100',                   //設定內部推廣項目ID
    'name':'透明手機殼',            //設定內部推廣項目名稱
    'creative_name':'限時大特價',  //設定內部推廣項目標語
    'creative_slot':'banner1'      //設定內部推廣項目位至名稱或編號
  }
]});
```

圖 22-14　追蹤訪客點擊內部推廣的廣告行為 (gtag.js)

　　總結加強型電子商務的設定，分析者在使用 analytics.js 版本的 GATC 時，必須判定 addImpression、addProduct、addPromo 三種語法的使用時機以及 setAction 追蹤使用者動作的用法。不過上述的舉例說明皆為單一產品追蹤，若要一次追蹤多項產品，各位讀者不妨試著利用迴圈或是自訂變數來進行程式碼的編寫，如此一來就可以省去每一項商品都需安裝一次加強型電子商務程式碼之不便。

祕訣 23.

內容分組

從本章可以學到

- 使用程式碼進行內容分組
- 使用資訊擷取將內容分組
- 使用規則定義式進行內容分組

內容分組的用途

「內容分組」主要是用來分類具有相同特性之網頁,而這項功能適用於擁有多個網頁且分類複雜的網站。由於 GA 報表在預設狀態下呈現的是龐大且繁雜的母體流量,因此分析者若要查找某個特定條件下的流量是一件既耗時又費工的事情,此時就可以透過「內容分組」的設定,預先把流量整理得井井有條,藉以省去大海撈針的麻煩。

舉個例子,假設分析者想要比較一個販售服飾的網路商店,男性服飾區以及女性服飾區的流量狀況,此時就可以使用內容分組的功能將男性服飾區中的內容歸類為一組,女性服飾區中的內容歸類為另一組。除此之外,還可以從這兩個組別中再次進行內容分組,例如:男性長褲區、女性短裙區等。經由規劃將網站流量進行內容分組後,分析者在查找 GA 報表時,就具有系統性,如此一來就能夠很快的查看任一組別的流量狀況。這項功能與先前介紹過的「進階區隔」類似,不過內容分組可以讓組別名稱變成報表中的主要維度,直接從一份報表中查看該組的流量表現。

內容分組的操作

　　首先進入 GA 平台管理員並點擊資料檢視層底下的「內容分組」，如圖 23-1 框線處所示。

圖 23-1　內容分組位置

　　進入圖 23-2 內容分組清單的畫面後，點擊框線①處的「+新內容分類」開始進行內容分組設定。此外，從框線②處可得知內容分組只有五個使用額度。

圖 23-2　內容分組清單

　　進入內容分組的設定畫面後，請在圖 23-3 框線①處對內容分組運作給予命名，例如：男性服飾區，這裡的設定會與內容分組報表中的主要維度名稱對應。接著從框線②處設定分組，設定分組的方式有三種，分別是追蹤程式碼分組、使用資訊擷取的群組以及使用規則定義進行分組，若在一個分組中同時使用三種設定方式，Google 也將會依照以上的順序執行內容分組；換言之，若使用追蹤程式碼分組方式將某一個網頁分好組後，利用其他兩種方式再對此網頁進行分組將會無效。

(1) 使用追蹤程式碼分組

　　若要透過追蹤程式碼的方式進行內容分組，請點選圖 23-3 框線②內的「啟用追蹤程式碼」，並且將圖 23-4 框線①處的開關切換為「啟用」。框線②處的「選取索引」是用來區隔不同的內容分組，由於內容分組只有五個使用額度，因此可選擇的索引值為 1-5，初次使用則選擇「1」。框線③處為一段 JavaScript 程式碼，其中有三種不同版本的程式碼，不過本書的內容是以 analytics.js 以及 gtag.js 做為主軸。不管版本是 analytics.js 或是 gtag.js 這段程式碼的開頭皆使用「set」語法進行設定，接著後面的「contentGroup1」數字部分代表索引值，這必須與上方設定的索引值相同，最後「My Group Name」代表分組名稱，可由分析者自行定義，而這裡的設定將會與內容分組報表中的維度值對應。

內容分組設定

名稱

男性服飾區 ❶

設定分組

利用內容分組功能，您可以按照邏輯將網站或應用程式內容分門別類，並且在報表中使用這些組別做為主要維度。您可以使用下方一種或多種方法，為您的內容分組。 瞭解詳情

按追蹤程式碼分組

　+　啟用追蹤程式碼

使用資訊擷取的群組

　+　新增擷取

使用規則定義進行分組

　+　建立規則組合

　　　　　　　　　❷

拖曳規則即可指定其套用順序。

圖 23-3　內容分組設定畫面

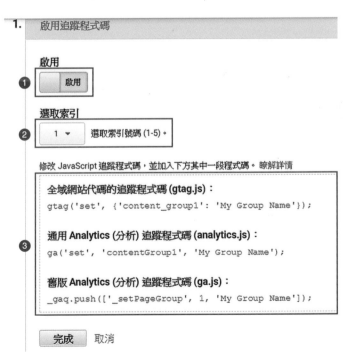

1.　啟用追蹤程式碼

啟用

❶　啟用

選取索引

❷　1 ▾　選取索引號碼 (1-5)。

修改 JavaScript 追蹤程式碼，並加入下方其中一段程式碼。 瞭解詳情

全域網站代碼的追蹤程式碼 (gtag.js)：

```
gtag('set', {'content_group1': 'My Group Name'});
```

通用 Analytics (分析) 追蹤程式碼 (analytics.js)：

```
ga('set', 'contentGroup1', 'My Group Name');
```

舊版 Analytics (分析) 追蹤程式碼 (ga.js)：

```
_gaq.push(['_setPageGroup', 1, 'My Group Name']);
```

完成　取消

圖 23-4　按追蹤程式碼分組

先以 analytics.js 版本的 GATC 開始介紹，進入欲進行分組的網頁編輯後台，將內容分組設定的程式碼嵌入圖 23-5 框線標示處。今日若欲將「男性服飾區」的所有網頁歸類為同一個組別，就得在每一個男性服飾的網頁中皆嵌入這段程式碼。

```
<script>
  (function(i,s,o,g,r,a,m){i['GoogleAnalyticsObject']=r;i[r]=i[r]||function(){
  (i[r].q=i[r].q||[]).push(arguments)},i[r].l=1*new Date();a=s.createElement(o),
  m=s.getElementsByTagName(o)[0];a.async=1;a.src=g;m.parentNode.insertBefore(a,m)
  })(window,document,'script','https://www.google-analytics.com/analytics.js','ga');

  ga('create', 'UA-104196669-1', 'auto');
  ga('set', 'contentGroup1', 'My Group Name');
  ga('send', 'pageview');
</script>
```

圖 23-5 嵌入內容分組程式碼 (analytics.js)

若使用 gtag.js 版本的 GATC，內容分組程式碼嵌入方式如圖 23-6 框線處所示。

```
<!-- Global site tag (gtag.js) - Google Analytics -->
<script async src="https://www.googletagmanager.com/gtag/js?id=UA-104196669-1"></script>
<script>
  window.dataLayer = window.dataLayer || [];
  function gtag(){dataLayer.push(arguments);}
  gtag('js', new Date());
  gtag('set', {'content_group1': 'My Group Name'});
  gtag('config', 'UA-104196669-1');
</script>
```

圖 23-6 嵌入內容分組程式碼 (gtag.js)

(2) 使用資訊擷取的群組

所謂資訊擷取是指分析者可以依據「畫面名稱」、「網頁」以及「網頁標題」來進行內容分組，其中畫面名稱是專屬於 APP 的設定項目，網頁以及網頁標題則是網站的設定項目，分析者可由圖 23-7 框線處的下拉式選單進行選擇。使用這個分組方式必須透過規則運算式來截取內容，例如：今日欲將側錄網站中所有在網址內出現「men」這個字詞的網頁都歸類為一組，此時需選

擇「網頁」來進行內容分組，並且規則運算式的寫法為「(.*men).*」。但若是要讓網址開頭為 men 這個字詞的網頁歸類為一組，同樣需選擇「網頁」進行內容分組，不過規則運算式的寫法需改為「/men/(.*)/」，若拿後者做為設定範例，結果如圖 23-7 所示。

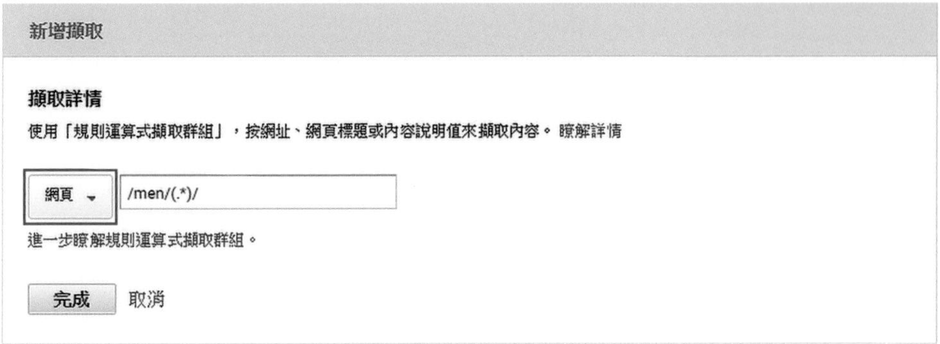

新增擷取

擷取詳情

使用「規則運算式擷取群組」，按網址、網頁標題或內容說明值來擷取內容。 瞭解詳情

| 網頁 ▾ | /men/(.*)/ |

進一步瞭解規則運算式擷取群組。

完成 取消

圖 23-7 內容分組設定——使用資訊擷取的群組

(3) 使用規則定義分組

此方法是內容分組設定中最常使用的方法，因為我們不需要進入網頁編輯後台就可以直接在 GA 平台內操作，此外它也不需要使用複雜的規則運算式來截取內容，分析者可以很直觀的選取所需的項目來定義內容分組規則。例如：同樣要將網址包含有 men 這個字詞的網頁歸類在一起，設定結果如圖 23-8。其中框線①處為內容分組維度值，在此空格內輸入的內容將會與內容分組報表中的維度值對應。框線②處為內容分組標的，同樣有「畫面名稱」、「網頁」和「網頁名稱」三種選項。框線③處為條件的運算式，將下拉式選單展開後有「包含」、「開頭為」和「結尾為」等多個選擇項目。

（圖）23-8　內容分組設定──使用規則定義進行分組 (1)

　　使用規則定義來分組時還可以設定多項條件，若要新增其他條件可以點選圖 23-9 框線處的「且」、「或」來串連條件，若要刪除條件可點選「－」。例如今日欲將網址包含有 men 以及 shirt 兩種字詞的網頁皆歸為一類時，就要選用「且」做為條件的串連，設定方式如圖 23-9 所示。

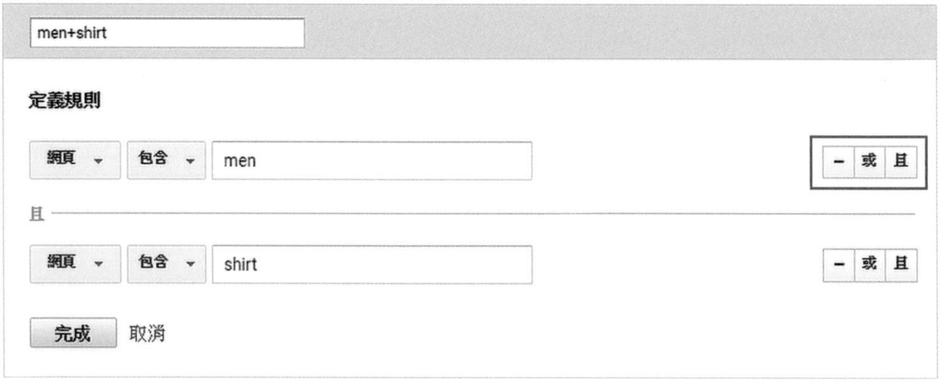

（圖）23-9　內容分組設定──使用規則定義進行分組 (2)

　　介紹完三種內容分組的設定方式以後，接下來就要查看設定後的報表成果。進入 GA 平台的「行為 → 網站內容 → 所有網頁」報表 (如圖 23-10 紅框處所示)，便可在主要維度的欄位中看到「內容分類」，如藍框①處所示，將其展開後即可看到自己命名的內容分組名稱。點選內容分組名稱後，該報表的主要維度即會切換成自己所設定的內容分組名稱，如藍框②處所示。此外主要

維度值也會切換成為內容分組設定中的命名，如藍框③所示，但若遇到流量不
隸屬於任何一個類別的狀況時，維度值即會出現「not set」。

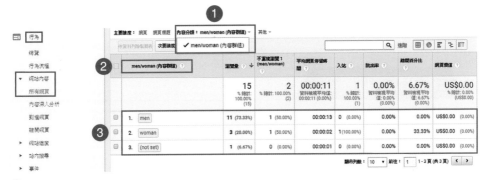

23-10　內容分組設定報表

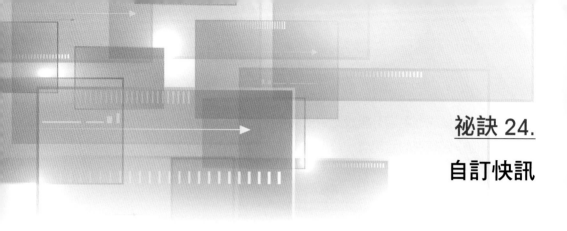

自訂快訊

從本章可以學到

- 自訂快訊的條件設置
- 使用自訂快訊追蹤 404 錯誤頁面的產生

自訂快訊的用途

「自訂快訊」是 GA 使用者常用工具之一，它的功能就如同警報器一般，當流量到達設定臨界值時就會發出警報，提醒自己流量產生了變動需要注意。有涉足股票操作的讀者應該更能夠體會警報器之重要性，像是股價突然下跌或上漲是常有的事，為了能夠在第一時間掌握股票現況，以免錯過最佳進退場時機，警報器的設置就有其必要性。經營一個網站肯定也會遇到一些需要在第一時間通報且需要立刻處理的緊急狀況，例如：網頁出現 404 錯誤訊息，或者跳出率太高等，透過簡單的設定步驟即可讓我們不必時常盯著 GA 平台查看流量，也能在最短的時間內進入狀況。

自訂快訊的操作

進入 GA 平台後開啟管理員，並且在資料檢視層級下點擊「自訂快訊」，如圖 24-1 框線處所示。

圖 24-1　開啟自訂快訊

進入自訂快訊列表後點擊「+新增快訊」，如圖 24-2 框線處所示。

圖 24-2　自訂快訊列表

　　進入自訂快訊設定畫面，如圖 24-3 所示。框線①處為快訊名稱，可由分析者自行輸入。框線②處選擇快訊所要通報的資料檢視對象，除了目前操作的資料檢視以外，也可以在設定中，同時將此快訊應用於其他資料檢視中。框線③處為期間，這裡用來決定 GA 多久要檢查一次數據，可以選擇以日、週或是月來做為單位，若不想錯過任何流量的變化，可選擇以「日」為單位，而若要查看整體流量趨勢變化，則可選擇以「週」或「月」為單位。另外，在框線③

裡頭的勾選項目可使快訊觸發時以電子郵件方式通知分析者，將其勾選後填入
通知對象的電子郵件地址，也可同時通知多名對象。框線④則為快訊觸發條
件，可參照後續的操作示範。

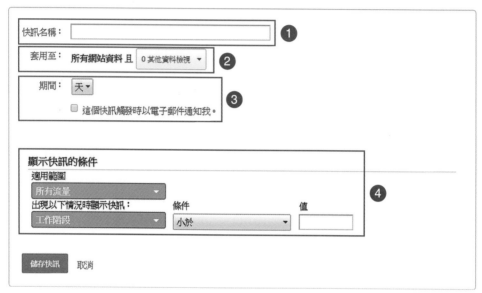

圖24-3　自訂快訊設定畫面

　　在此以「瀏覽量下降 50%」的快訊名稱做為示範，圖 24-4 為快訊的條件
設置，其中紅框處的適用範圍與區隔概念相同，底色為綠色代表此項目是維度
的選擇，在預設情況下為「所有流量」，分析者也可以將範圍局限在特定維
度。藍框處用來設定指標的條件，底色為藍色代表此項目是指標的選擇，因本
例為「瀏覽量下降 50%」，因此可將指標選擇為「瀏覽量」，通報條件調整
成「降幅百分比超過」，而值就是「50%」，另外「比較時間範圍」的選項將
根據快訊期間的設定而有所不同，本例選擇以「週」為單位，因此它會與上週
的流量進行相比。

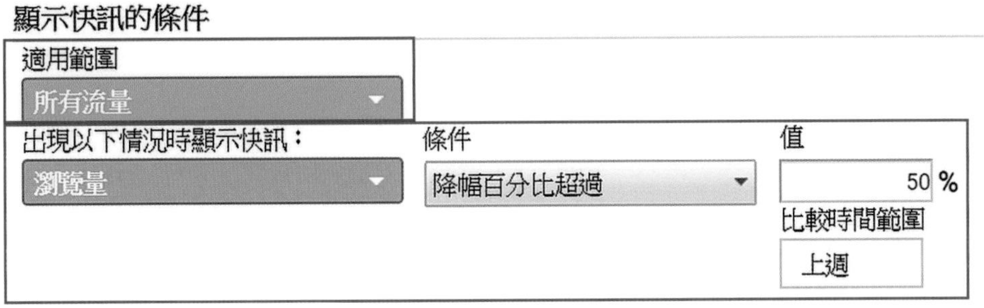

圖 24-4 快訊條件的設置

設定完成並儲存快訊後,畫面就會回到自訂快訊列表,如圖 24-5 所示。從自訂快訊列表中可以得知快訊名稱以及週期,若要刪除快訊可點選框線處的「移除」。

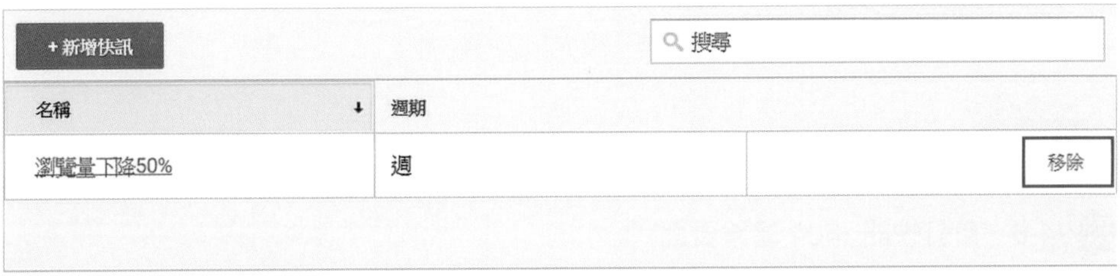

圖 24-5 自訂快訊列表

如何透過快訊追蹤錯誤頁面的產生?

若訪客在造訪網站時出現 404 錯誤畫面,那會是一件很嚴重的事。根據許多學者研究結果指出,404 錯誤畫面會使訪客產生挫敗感,並且不知道下一步該如何是好,帶給訪客一個失敗的使用者體驗。因此若能夠在第一時間得知錯誤畫面的發生,並且及時排除訪客造訪障礙,對於網站經營者而言,會是一大助益。不過要如何透過自訂快訊,讓分析者能夠監控錯誤頁面的產生呢?讀者可將快訊條件內的適用範圍切換成「網頁標題」,並且在它出現「404 Not Found」字串時就視為有錯誤頁面產生 (如圖 24-6),不過錯誤頁面的產生,不

一定都會以此字串來表示,讀者也可以使用規則運算式將所有可能出現的字串列出。另外快訊設定的「條件」與「值」請輸入大於 0,也就是當 404 網頁錯誤的瀏覽量大於 0 時,即自動發出快訊。

圖24-6　自訂快訊 (404 錯誤頁面)

歸因模式分析

何謂歸因模式分析？

　　人們在網路上購物總是會先貨比三家後再做出購買決策，甚至有些人會因為猶豫不決而來回進出網站數次，在這個過程中，訪客可能會遭受各種行銷手法的誘惑。例如：上網逛街途中受到再行銷廣告誘惑，也就是在瀏覽器畫面上出現曾查看過的商品，又或者因為收到 E-mail 通知產品促銷活動而又再度進入購物網站，直到最後下手購買商品時才算是真正達成「轉換」，如此才算是滿足網站經營者所期望的銷售目標。在達成目標前所經歷的每一個管道，例如：前面所提的再行銷廣告或是 E-mail 都屬於其中一個「接觸點」，由這些接觸點串連而成的資料，在 GA 中稱為「轉換路徑」。

　　那麼何謂「歸因」呢？歸因指的是一個轉換路徑中，各個接觸點分別付出了多少貢獻，例如：一名訪客起初透過「直接」輸入網址的方式進入網站，不過卻未購買商品即離開網站，後來因為「再行銷廣告」的吸引又再度進入網站，但仍然未購買商品就離開，直到最後受到「E-mail」通知促銷活動吸引該名訪客進入網站後，才確認購買產品。在這整個目標達成過程中，「直接」、「再行銷廣告」和「E-mail」等環節各貢獻了多少心力呢？這個分配貢獻的過

程就稱為歸因，好比打一場全場的籃球比賽，球員們透過傳球製造空檔最後出手得分，那這一分應該歸功於最初拿到球的球員、中間負責傳球的球員，還是最後將球投出命中籃框的球員呢？這時候就要透過「歸因模式」做為依據。

歸因模式是貢獻分配的草稿圖，在 GA 中歸因模式分為兩大類，分別為預設歸因模式以及自訂歸因模式。首先從預設歸因模式介紹起，它擁有七個種類，包含「最終互動」、「上次非直接造訪點擊」、「對 AdWords 廣告的最終點擊」、「最初互動」、「線性」、「時間衰減」以及「根據排名」，每一個模式皆有其含義，在使用上並沒有好壞之分，只有情境適用與否之差異，分析者需根據自身需求來做選擇。接下來就先模擬一個情境，再用這七種不同的預設歸因模式來解釋，情境如下：假設今日某訪客在線上購買商品的轉換路徑為 AdWords 關鍵字廣告吸引進站 (未購物) → 直接進站 (未購物) → 再行銷廣告進站 (未購物) → FB 廣告進站 (未購物) → E-mail 連結進站 (購物)。

(1) 最終互動

在最終互動模式中，轉換路徑的最後一個接觸點具有完全功勞歸因，因此就上面例子而言，「E-mail」有 100% 的功勞歸因，其餘四個接觸點皆為 0% 的功勞歸因。這種模式屬於集中式歸因，同時也是最傳統的歸因模式，在過去由於無法掌握訪客完整的轉換路徑，因此只能將功勞歸因於最後一項促使訪客進行轉換行為的接觸點。

適用情境： 分析者注重成功觸發訪客進行轉換的管道或者目前正處於產品銷售週期的結尾，無須將訪客考慮購買的前期過程納入。

(2) 上次非直接造訪點擊模式

在此模式中，首先會把所有「直接」流量排除，並且會讓最接近轉換達成且有產生點擊行為的接觸點分配完全功勞歸因。就上面例子而言「E-mail」仍然有 100% 的功勞歸因，因為它並非一個「直接」流量，且它是最接近轉換達成的管道。

適用情境： 分析者較注重廣告活動等相關行銷管道所達成的轉換效益。

(3) 對 AdWords 廣告的最終點擊模式

在此模式中，只需將目光集中於具有 AdWords 關鍵字廣告的接觸點上，而最接近轉換行為的那個 AdWords 廣告接觸點具有完全功勞歸因。因此就上面例子而言，「AdWords 關鍵字廣告」具有 100% 功勞歸因。

適用情境：分析者注重 AdWords 關鍵字廣告的轉換成效。

(4) 最初互動模式

在此模式中，轉換路徑的第一個接觸點具有完全功勞歸因，因此就上面例子而言，「AdWords 關鍵字廣告」有 100% 的功勞歸因，其餘四個接觸點皆是 0% 的功勞歸因，我們可以透過這種模式回溯導致訪客產生轉換行為的最初接觸點。

適用情境：分析者較注重新客戶的延攬狀況，或是目前正處於產品銷售初期。

(5) 線性

在此模式中，它會將功勞平均分配給每一個接觸點，就以上例子而言，由於轉換路徑由五個接觸點所組成，因此每一個接觸點擁有 20% 的功勞歸因。這屬於一個理想型的模式，當每一個環節對於分析者而言都同等重要時，就要選擇使用線性歸因模式。

適用情境：在產品銷售週期中，每一個接觸點皆持續性的與訪客進行接觸。

(6) 時間衰減模式

時間衰減模式將根據與轉換行為發生的時間距離來進行功勞的運算，也就是愈接近轉換行為的接觸點其功勞愈高。因此就上面例子而言，功勞由高至低的依序為「E-mail」、「FB 廣告」、「再行銷廣告」、「直接」，最後才是「關鍵字廣告」。至於實際上的百分比如何分配，我們也無從得知，這是透過 GA 特殊的演算法進行的功勞歸因。

適用情境：分析者在近期採用期間限定的銷售活動。

(7) 根據排名模式

根據排名模式在預設狀況下會以 40%、20%、40% 進行功勞的分配，也就是轉換路徑中的第一個接觸點以及最後一個接觸點各自具有 40% 的功勞，而剩下 20% 的功勞再由中間的接觸點進行平均分配。這樣的模式說明了把一個從未進站的訪客吸引進站，以及引導訪客達成轉換這兩件事情，列為整個轉換路徑中相對重要的環節。不過其缺點就是一旦遇上過長的轉換路徑，中間 20% 的功勞就必須分配給很多接觸點，進而導致平均一個接觸點的功勞備受擠壓。

適用情境：分析者同時重視顧客初次接觸點以及促成顧客轉換接觸點。

自訂歸因模式的操作

除了上述預設的歸因模式之外，分析者也能夠依照自己需求設定歸因模式。首先進入 GA 平台管理員，接著點選資源層下的「歸因模式」，如圖 25-1 框線處所示。

個人工具與資產

回傳
目標對象定義
Dd 自訂定義
Dd 資料匯入

區隔
備註
歸因模式
自訂管道分組 測試版
自訂快訊
定期寄送的電子郵件

圖 25-1 歸因模式

進入歸因模式列表畫面如圖 25-2 所示,點選框線①處的「+新增歸因模式」即可開始進行歸因模式的設定,而若要直接採用他人已設定好的歸因模式可點選框線②處的「從資源匯入」,在此請先點選框線①處的「+新增歸因模式」進行下一步驟的操作。

圖 25-2 **歸因模式列表**

歸因模式設定畫面如圖 25-3 所示,其中框線①處需自行定義模式名稱。框線②處選擇一項基準模式,將此項目的下拉式箭頭展開後就會出現五種模式,包含「線性」、「最初互動」、「最終互動」、「時間衰減」、「根據排名」。此設定項目的用意有藍圖的概念,選擇一種模式做為藍圖後,再透過框線③處的進階設定,打造出完整的自訂歸因模式。當基準模式選擇為「線性」時,這些進階設定在預設狀況下皆為停用,包括「回溯期」、「依使用者參與調整功勞」以及「套用自訂的功勞歸因方式」。

圖 25-3　歸因模式設定畫面

若將回溯期的設定項目啟用，畫面如圖 25-4 所示，而回溯期的意思是指從發生轉換行為當天開始往前回推轉換路徑的時間長度，在 GA 中可設定的範圍界於 1-90 天之間，而預設狀態下為 30 天。

圖 25-4　回溯期

　　若將「依使用者參與度調整功勞」的項目啟用畫面如圖 25-5 所示，分析者就可以選擇根據「網站停留時間」或是「瀏覽頁數」按比例分配功勞。若以選取「網站停留時間」為例，今日訪客透過 A 管道進站並停留 5 分鐘，接著再透過 B 管道進站停留 10 分鐘，此時 B 管道所分配到的功勞就會高於 A 管道。

依使用者參與度調整功勞　　　　　　　　　　　　　　　　　　　　　啟用

根據　網站停留時間　▼　按比例分配功勞

📊 25-5　依使用者參與度調整功勞

　　若將「套用自訂的功勞歸因方式」項目啟用後畫面如圖 25-6 所示，便可在框線①處設置條件，至於框線②處則是用來針對特定條件調整功勞歸因的倍率。

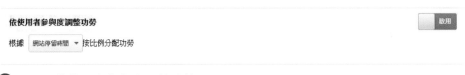

📊 25-6　套用自訂的功勞歸因方式

　　舉個例子來說，若欲讓符合「關鍵字等於 ABC」條件的管道其功勞歸因都乘以 1.5 倍，則可在圖 25-7 中調整倍率。不過當一項管道從原先的功勞加成 1.5 倍之後，勢必會造成其他管道的功勞減少，而其他管道功勞的減少也會按照比例進行改變。另外，分析者亦可以透過框線處的「新增『或』陳述」、「新增『且』陳述」建立多項歸因條件。

套用自訂的功勞歸因方式　　　　　　　　　　　　　　　　　啟用

包含 ▾　　Google Ads 關鍵字　　▾　　完全比對 ▾　ABC

或

新增「或」陳述

且

新增「且」陳述

將功勞設為轉換路徑中其他互動的 1.5 ▴▾ 倍

+ 套用其他自訂的功勞歸因方式

圖 25-7　自訂功勞歸因舉例

祕訣 26.
自訂維度與指標

從本章可以學到

- 自訂維度的建立
- 自訂指標的建立
- 同時使用自訂維度及自訂指標的操作

為何要使用自訂維度？

GA 在預設情況下擁有多項維度及指標，不過往往還是無法滿足分析者的需求，這時候 GA 提供一項功能稱做自訂維度以及自訂指標，讓分析者可以依照需求定義維度及指標的名稱與用途，如此便能將分析者認為重要的行為記錄起來。

自訂維度的操作

首先介紹自訂維度設定，進入 GA 管理員後，找到資源層下的「自訂定義」，將其展開後再點擊「自訂維度」，如圖 26-1 框線處所示。

圖 26-1　自訂維度設定畫面

進入設定畫面後，可以從圖 26-2 框線①處發現這項功能僅有 20 個使用額度，不過讀者可以參考祕訣 4. 的內容擴充自訂維度的使用限額。接著，點擊框線②處「新增自訂維度」，開始進行自訂維度的新增。

圖 26-2　新增自訂維度

進入自訂維度新增的畫面之後，在圖 26-3 框線①處填入該自訂維度的名稱，並在框線②處設定該自訂維度所涵蓋的範圍，將其展開有「Hit」、「工作階段」、「使用者」、「產品」四個選項可選擇。這裡所指的範圍就等同於資料層級，讀者可回顧祕訣 11. 有關於資料層級的內容以及不同資料層級之間的關係再進行選擇。接著看到框線③處的「有效」選項，由於自訂維度在設定完成後無法進行刪除，僅能夠以是否有效控制維度的啟用，在此先將其勾選以啟動該維度的運作。最後點選藍框處的「建立」，完成自訂維度在 GA 平台內的設定。

新增自訂維度

名稱

① _____

範圍

② Hit ▼

有效

③ ☑

建立　　取消

圖 26-3　自訂維度設定

　　這時會跳出另一個畫面顯示著該維度的範例程式碼,如圖 26-4 所示。其中框線處為網站中嵌入自訂維度功能的基礎程式碼,在預設情況下是使用 analytics.js 版本的 GATC。這段程式碼的上半行用來定義「dimensionValue」變數,後方的「SOME_DIMENSION_VALUE」需改為變數值或是字串。下半行是透過「set」語法建立自訂維度「dimension1」,其中數字 1 代表自訂維度的索引編號。

已建立的自訂維度

此維度的範例程式碼

以下是您平台所需的程式碼片段,請複製起來。別忘了把 dimensionValue 換成自己的值。

JavaScript (gtag.js)
如需使用 gtag.js 設定自訂維度的操作說明,請參閱 gtag.js 開發人員說明文件。

JavaScript (僅適用於通用 Analytics (分析) 資源)
```
var dimensionValue = 'SOME_DIMENSION_VALUE';
ga('set', 'dimension1', dimensionValue);
```

Android SDK
```
String dimensionValue = "SOME_DIMENSION_VALUE";
tracker.set(Fields.customDimension(1), dimensionValue);
```

iOS SDK
```
NSString *dimensionValue = @"SOME_DIMENSION_VALUE";
[tracker set:[GAIFields customDimensionForIndex:1] value:dimensionValue];
```

完成

圖 26-4　取得自訂維度程式碼 (analytics.js)

　　自訂維度主要依靠兩種機制觸發它記錄流量，分別為「瀏覽」行為以及「事件」行為，若要藉由瀏覽行為觸發自訂維度之運作，其設定方式如圖 26-5 框線處所示，這時當 GA 記錄到該頁面的瀏覽量時，自訂維度也會同時記錄一筆自訂維度值。

```
<script>
(function(i,s,o,g,r,a,m){i['GoogleAnalyticsObject']=r;i[r]=i[r]||function(){
(i[r].q=i[r].q||[]).push(arguments)},i[r].l=1*new Date();a=s.createElement(o),
m=s.getElementsByTagName(o)[0];a.async=1;a.src=g;m.parentNode.insertBefore(a,m)
})(window,document,'script','https://www.google-analytics.com/analytics.js','ga');

ga('create', 'UA-104196669-1', 'auto');

ga('set', 'dimension1', 'dimensionValue');

ga('send', 'pageview');
</script>
<!-- End Google Analytics -->
</head>
```

圖 26-5　嵌入自訂維度程式碼－瀏覽行為 (analytics.js)

　　若要藉由事件行為來觸發自訂維度的運作，其設定方式如圖 26-6 框線處所示。這時當 GA 記錄到該事件流量時，自訂維度也會記錄一筆自訂維度值。關於事件追蹤的內容請參考祕訣 17.。

```
ga('send', 'event', 'category', 'action',
{'dimension1': dimension value});
```

圖 26-6　嵌入自訂維度程式碼－事件行為 (analytics.js)

　　但若是打算使用 gtag.js 版本的 GATC 來設定自訂維度，操作方式也會有所不同。除此之外，它沒有「瀏覽」行為以及「事件」行為觸發機制的區別，而是統一以「事件」行為觸發自訂維度的紀錄。設定方式如圖 26-7 框線處所示，在 GATC 的 config 命令後方使用 custom_map 參數定義自訂維度索引編號以及維度名稱。

```
<head>
<meta http-equiv="Content-Language" content="zh-tw">
<!-- Global Site Tag (gtag.js) - Google Analytics -->
<script async src="https://www.googletagmanager.com/gtag/js?id=UA-104196669-1"></script>
<script>
  window.dataLayer = window.dataLayer || [];
  function gtag(){dataLayer.push(arguments);}
  gtag('js', new Date());

  gtag('config', 'UA-104196669-1',
  {'custom_map': {'dimension<Index>': 'dimension_name'}});
</script>
```

圖 26-7 嵌入自訂維度程式碼 (gtag.js)(1)

接著找到要進行追蹤的事件行為,並且在其事件追蹤程式碼中加入自訂維度設定的程式碼,如圖 26-8 框線處所示。如此一來當該事件被觸發時,同時也會記錄一筆自訂維度值。

```
gtag('event', 'any_event_name', {'dimension_name': dimension_value});
```

圖 26-8 嵌入自訂維度程式碼 (gtag.js)(2)

自訂指標的操作

首先進入 GA 管理員,找到資源層底下的「自訂定義」並將其展開,接著點擊「自訂指標」進入設定畫面,如圖 26-9 框線處所示。

圖 26-9 進入自訂指標設定畫面

　　進入設定畫面後 (如圖 26-10 所示)，可以看到框線①處的自訂指標同樣只有 20 個使用額度，接著點擊框線②處「+新增自訂指標」開始進行自訂指標的新增。

圖 26-10　新增自訂指標

　　進入新增自訂指標的畫面之後，在圖 26-11 框線①處填入該自訂指標的名稱，並在框線②處設定該自訂指標所涵蓋的範圍。不同於自訂維度，將自訂指標的範圍展開後僅有「Hit」、「產品」兩種範圍可以選擇，框線③處是格式類型的設定，有整數、貨幣以及時間三種指標類型可以選擇。框線④處為指標值最大、最小值的設定，若沒有一定範圍，也可以將其省略。接著看到框線⑤處的「有效」選項，由於自訂指標設定完成後也無法刪除，僅能夠以是否有效來控制它的啟用，因此先將其勾選以啟動該指標的運作，最後點選藍框處「建立」完成自訂指標在 GA 平台內的設定。

　　這時會跳出另一個畫面顯示著該指標的範例程式碼，如圖 26-12 所示。其中框線處即是在網站中嵌入自訂指標功能所使用的基礎程式碼，預設情況使用的是 analytics.js 版本的 GATC。其樣式與自訂維度相似，同樣是先定義「metricValue」變數，接著再透過「set」語法建立「metric1」，數字部分也必須參照 GA 平台上的索引編號，唯一不同的地方是「metricValue」的變數值只能為數字型態。

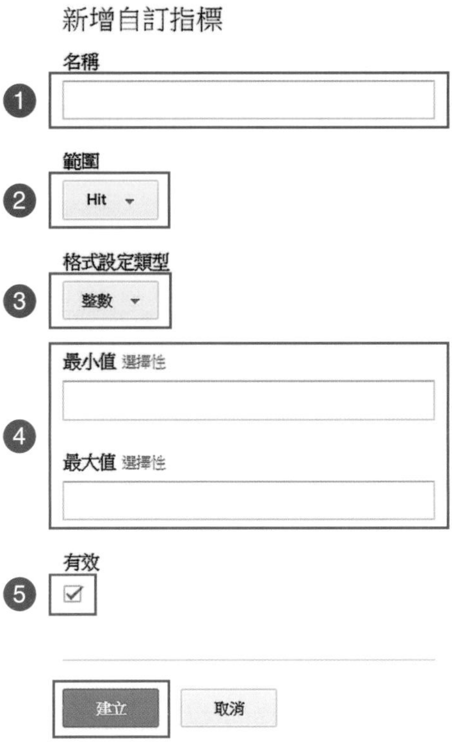

新增自訂指標

名稱

1

範圍

2 Hit ▾

格式設定類型

3 整數 ▾

最小值 選擇性

4

最大值 選擇性

有效

5 ☑

建立　　取消

圖 26-11　自訂指標設定

已建立的自訂指標

此指標的範例程式碼

以下是您平台所需的程式碼片段,請複製起來。別忘了把 metricValue 換成自己的值。

JavaScript (gtag.js)

如需使用 gtag.js 設定自訂指標的操作說明,請參閱 gtag.js 開發人員說明文件。

JavaScript (僅適用於通用 Analytics (分析) 資源)

```
var metricValue = '123';
ga('set', 'metric1', metricValue);
```

Android SDK

```
String metricValue = SOME_METRIC_VALUE_SUCH_AS_123_AS_STRING;
tracker.set(Fields.customMetric(1), metricValue);
```

iOS SDK

```
NSString *metricValue = SOME_METRIC_VALUE_SUCH_AS_123_AS_STRING;
[tracker set:[GAIFields customMetricForIndex:1] value:metricValue];
```

圖 26-12　取得自訂指標程式碼 (analytics.js)

　　自訂指標同樣是依靠兩種機制觸發它記錄流量，分別為「瀏覽」行為以及「事件」行為，若要藉由瀏覽行為來觸發自訂指標的運作，其設定方式如圖 26-13 框線處所示。這時當 GA 記錄到該頁面的瀏覽量時，自訂指標也會同時記錄一筆自訂指標值。

```
<script>
(function(i,s,o,g,r,a,m){i['GoogleAnalyticsObject']=r;i[r]=i[r]||function(){
(i[r].q=i[r].q||[]).push(arguments)},i[r].l=1*new Date();a=s.createElement(o),
m=s.getElementsByTagName(o)[0];a.async=1;a.src=g;m.parentNode.insertBefore(a,m)
})(window,document,'script','https://www.google-analytics.com/analytics.js','ga');

ga('create', 'UA-104196669-1', 'auto');

ga('set','metric1', 'metric value');

ga('send', 'pageview');
</script>
<!-- End Google Analytics -->

</head>
```

圖 26-13　嵌入自訂指標程式碼──瀏覽行為 (analytics.js)

　　若要藉由事件行為來觸發自訂指標的運作，其設定方式如圖 26-14 框線處所示。這時當 GA 記錄到該事件流量時，自訂指標也會同時記錄一筆自訂指標值。

```
ga('send', 'event', 'category','action',{'metric1':metric_value});
```

圖 26-14　嵌入自訂指標程式碼──事件行為 (analytics.js)

　　但若是使用 gtag.js 版本的 GATC 來設定自訂指標，操作方式也會有所不同。除此之外，它也沒有「瀏覽」行為以及「事件」行為觸發機制的區別，而是統一以「事件」行為觸發自訂指標的紀錄。設定方式如圖 26-15 框線處所示，在 GATC 的 config 命令後方使用 custom_map 參數定義自訂指標索引編號以及指標名稱。

```
<!-- Global Site Tag (gtag.js) - Google Analytics -->
<script async src="https://www.googletagmanager.com/gtag/js?id=UA-104196669-1"></script>
<script>
  window.dataLayer = window.dataLayer || [];
  function gtag(){dataLayer.push(arguments);}
  gtag('js', new Date());

  gtag('config', 'UA-104196669-1',
  {'custom_map': {'metric<Index>': 'metric_name'});
</script>
```

圖 26-15 嵌入自訂指標程式碼 (gtag.js)(1)

接著找到要進行追蹤的事件行為，並且在其事件追蹤的程式碼中加入自訂指標設定的程式碼，如圖 26-16 框線處所示。

```
gtag('event', 'any_event_name', {'metric_name': metric_value});
```

圖 26-16 嵌入自訂指標程式碼 (gtag.js)(2)

最後，如果想要讓「事件」行為同時當作是觸發自訂維度以及自訂指標紀錄的媒介，在使用 analytics.js 版本的 GATC 情況下，設定方式如圖 26-17 框線處所示。

```
ga('send', 'event', 'category', 'action',
{ 'dimension1': dimension value,
  'metric1': metric value});
```

圖 26-17 嵌入自訂維度及指標程式碼 (analytics.js)

至於在使用 gtag.js 版本的 GATC，來同時讓「事件」行為當作是觸發自訂維度以及自訂指標紀錄的媒介，可參考圖 26-18 框線處的設定方式，讀者可透過 custom_map 參數來定義維度索引值和名稱以及指標索引值和名稱。

```
<script async src="https://www.googletagmanager.com/gtag/js?id=UA-104196669-1"></script>
<script>
  window.dataLayer = window.dataLayer || [];
  function gtag(){dataLayer.push(arguments);}
  gtag('js', new Date());

  gtag('config', 'UA-104196669-1',
  {'custom_map': {'dimension<Index>': 'dimension_name','metric<Index>': 'metric_name'}});
</script>
```

圖 26-18　嵌入自訂維度及指標程式碼 (gtag.js)(1)

　　接著找到要進行追蹤的事件後，加入圖 26-19 框線處的程式碼，分別設定維度名稱、維度值、指標名稱及指標值。

```
gtag('event', 'any_event_name',
{'dimension_name': dimension_value,
'metric_name':metric_value});
```

圖 26-19　嵌入自訂維度及指標程式碼 (gtag.js)(2)

從本章可以學到

- 匯入資源庫自訂報表
- 自訂報表的設定
- 三大常用自訂報表

為何需要自訂報表？

雖然 GA 平台內已依據「目標對象」、「客戶開發」、「行為」以及「轉換」等類別整理出眾多具有分析價值的報表，不過這仍可能無法滿足某些分析者的需求。由於不同的業態關注的維度或指標也會不同，所以自訂報表的功能可以依據分析者的需求，像是拼圖般的進行維度與指標的組合，甚至也可以利用自訂維度以及自訂指標鋪陳出一個客製化報表。

自訂報表的操作

首先進入 GA 平台並且在畫面左邊欄位中點選「自訂報表」，如圖 27-1 框線處所示。

<mark>圖</mark>27-1　自訂報表

　　接著在圖 27-2 看見自訂報表的列表，製作完成後的自訂報表都會被儲存於此。列表說明了自訂報表的「標題」以及「建立日期」兩個項目，而自訂報表的建立方式有兩種，分別為「從資源庫匯入」以及「新增自訂報表」，請先點選框線處的「從資源庫匯入」。

<mark>圖</mark>27-2　自訂報表列表

　　此時會出現一個彈出視窗如圖 27-3 所示，請點選框線處的「前往解決方案庫」，接續就會開啟如圖 27-4 的畫面。畫面中的內容為全球 GA 使用者分享於資源庫的自訂報表方式，使用者可以依據需求挑選適用的自訂報表，點選報表名稱可查看報表詳情，點選「Import」可將其直接匯入自己的 GA 中。

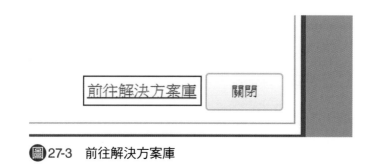

圖27-3　前往解決方案庫

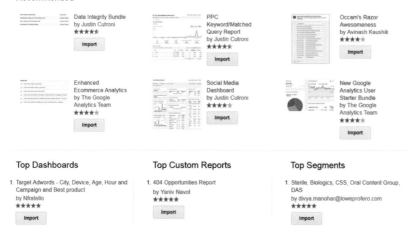

圖27-4　自訂報表——從資源庫匯入 (1)

　　接著會出現如圖 27-5 畫面，在紅框處選取此資源庫所要匯入的資料檢視，並在藍框處勾選所要匯入的自訂報表、區隔項目或是資訊主頁，勾選完成後再點選綠框處的「建立」。

○ 任何資料檢視

● 所有網站資料

區隔
- ☑ AK: "Oligarchs"
- ☑ AK: Loyal Visitors
- ☑ AK: Visits via search queries w/ 4 words.
- ☑ Blog Comment Submitters
- ☑ AK: Non-Flirts, Potential Lovers
- ☑ AK: All Social Media Visits

自訂報表
- ☑ AK: Visitor Acquisition Efficiency Analysis v2
- ☑ AK: Content Efficiency Analysis v2
- ☑ AK: Landing Pages Analysis
- ☑ Hostname [Domains that have your GA code]
- ☑ AK: All Traffic Sources ABO
- ☑ AK: E2E Paid Search Report
- ☑ Search Traffic (Excluding Not Set, Not Provided)
- ☑ AK: Internal Site Search Analysis
- ☑ AK: Mobile Performance Analysis v2

資訊主頁
- ☑ VP, Digital Dashboard

建立 取消

🔲27-5　自訂報表──從資源庫匯入 (2)

　　接著畫面會被帶至「共用資源」，此時點選框線處任一自訂報表名稱即可查看該自訂報表 (如圖 27-6 所示)。

共用資源

	名稱	類型	建立日期	↑
共用	刪除	從資源庫匯入	🔍 搜尋	
☐	AK: Mobile Performance Analysis v2	自訂報表	2017年10月26日	
☐	AK: Internal Site Search Analysis	自訂報表	2017年10月26日	
☐	Search Traffic (Excluding Not Set, Not Provided)	自訂報表	2017年10月26日	
☐	AK: E2E Paid Search Report	自訂報表	2017年10月26日	

圖 27-6　自訂報表——從資源庫匯入 (3)

　　若不打算直接採用由其他 GA 使用者於資源庫分享的自訂報表，那就得從頭到尾自行設定自訂報表，因此回到自訂報表列表的畫面如圖 27-7 所示，並點選框線處的「+新增自訂報表」。

自訂報表

標題	建立日期	
+新增自訂報表　+新增類別　從資源庫匯入		
⠿ AK: All Traffic Sources ABO	2017年10月26日	動作 ▼
⠿ AK: Content Efficiency Analysis v2	2017年10月26日	動作 ▼
⠿ AK: E2E Paid Search Report	2017年10月26日	動作 ▼
⠿ AK: Internal Site Search Analysis	2017年10月26日	動作 ▼
⠿ AK: Landing Pages Analysis	2017年10月26日	動作 ▼

圖 27-7　新增自訂報表

　　由於自訂報表的設定畫面過長，因此將其拆開為圖 27-8 (上半部) 以及圖 27-9 (下半部) 來介紹。首先於紅色箭頭處定義自訂報表的主要標題，接著在黃色箭頭處定義自訂報表的次要標題，也就是報表分頁名稱。再來，在藍色箭頭處選取自訂報表類型，分別有「多層檢視」、「無格式資料表」以及「訪客分布圖」三個選擇項目。其中「多層檢視」具有以下三個特色：(1) 一個自訂報

表僅能使用一個主要維度。(2) 自訂報表能夠搭配一個次要維度使用。(3) 自訂報表具有時間序列圖表。而「無格式資料表」具有以下三個特色：(1) 最多可同時使用五個維度。(2) 最多可同時使用 25 個指標。(3) 無次要維度的使用。至於「訪客分布圖」則具有以下兩個特色：(1) 只可選擇與地區相關的維度。(2) 具有地區搭配指標的分布圖。分析者可以依照需求，進行自訂報表類型的選擇。

　　接下來看到圖 27-8 綠色箭頭處的指標群組，一個指標群組中可選擇多個指標，且最多一個自訂報表內可以使用五個指標群組。此外，只有「多層檢視」類型的報表有指標群組概念，而藍框處可為指標群組命名。最後看到紫色箭頭處的維度深入分析，這裡可以調整自訂報表所要使用的維度。請記得有效的使用維度及指標的組合，報表中才會產生資料，這部分可回顧祕訣 11. 內容。

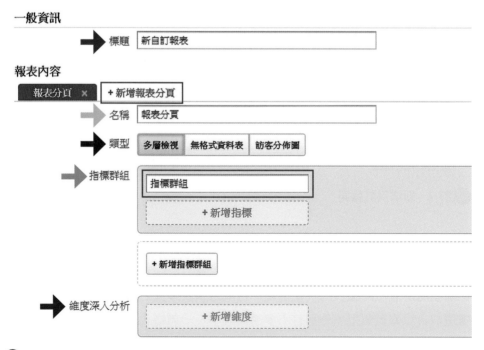

圖 27-8　自訂報表設定 (1)

　　再來看到圖 27-9 自訂報表下半部分的設定，分別有「篩選器」以及「資料檢視」兩個項目，這兩個項目都屬於選擇性項目。若要使用篩選器請點選紅框處的「新增篩選器」，選擇一項維度後，再根據所選的維度選擇運算規則以及維度值。若要使用「資料檢視」，請在綠框處進行設定，在此選擇自訂報表所要套用的資料檢視，預設情況下，將會直接套用於當下的資料檢視。

圖 27-9　自訂報表設定 (2)

　　圖 27-10 為多層檢視類型的自訂報表，為了讓讀者能夠對應設定項目以及該項目在報表中的位置，畫面中箭頭的顏色會與圖 27-8 互相對應。紅色箭頭處為主要標題名稱，黃色箭頭處為次要標題名稱。綠色箭頭處可以進行指標的選擇，並在時間序列圖上比較指標值的變化，不過可選取的項目僅有在前面設定中有加入的項目。紫色箭頭處為主要維度，由於是多層檢視類型的報表，因此若要查看下一個階層的主要維度，請點選綠框處的維度名稱，即可查看下一個階層的主要維度所鋪陳出來的報表。最後，藍框處即為指標群組，對圖 27-10 的自訂報表而言，它有兩組指標群組可以使用。

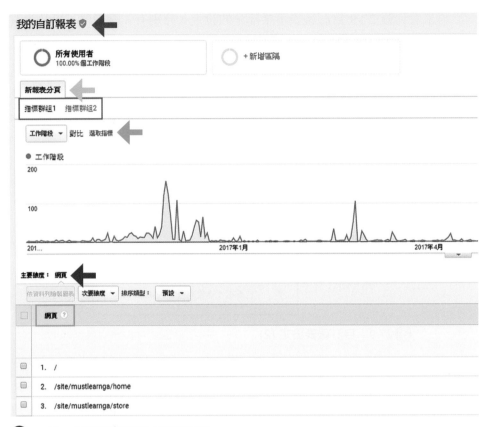

圖 27-10 自訂報表結果 (多層檢視)

三大實用自訂報表

(1) 內容效益分析 (圖 27-11)

維度：網頁標題

指標：入站、跳出、工作階段、平均網頁停留時間、目標達成

目的：了解什麼內容比較受到訪客的歡迎

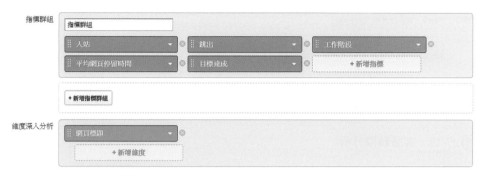

圖 27-11　內容效益分析

(2) 連結分析 (圖 27-12)

維度：來源、到達網頁

指標：工作階段、目標達成、單次工作階段頁數、跳出、% 新工作階段

目的：了解什麼連結可以帶來比較好的網站經營成效

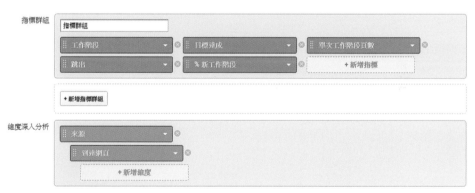

圖 27-12　連結分析

(3) 客層轉換分析 (圖 27-13)

維度：年齡層、性別

指標：工作階段、使用者、交易次數、收益、電子商務轉換率

目的：了解哪些性質的訪客能帶來較好的轉換成效

（圖）27-13　客層轉換分析

4 報表解讀篇

雖然資料解讀是一項相當主觀的行為，不過在面對 GA 報表時，分析者可能甚至連報表所要傳達的資訊都難以捉摸，進而產生報表解讀上的困境。因此在「報表解讀篇」中，筆者要為各位讀者點上一盞明燈，解釋幾種容易在解讀上產生疑惑的 GA 報表該「如何看」、「如何設定」以及「如何解讀」。本篇內容包含：

效期價值報表怎麼看？

- 效期價值報表的組成元素
- 效期報表折線圖的解讀
- 效期價值的計算方式

什麼是效期價值？

效期價值 (Lifetime Value) 簡稱為 LTV，又可稱為顧客終生價值 (Customer Lifetime Value, CLV)。分析者可以透過這項指標對訪客進行價值評估，並且做出正確的商業決策。例如：分析者應該花費多少成本延攬新訪客呢 (客戶開發)？或是分析者是否應該針對高價值訪客進行客製化商品服務呢 (產品開發)？甚至是分析者應該花費多少成本慰留舊訪客呢 (訪客慰留)？這些問題通常都被歸類在效期價值的分析範疇之中。不過 GA 的效期價值報表目前仍屬於測試階段，因此它的功能有所受限，即便如此，我們仍可透過它來判定「進站管道」與訪客價值之間的關聯性。

效期價值報表

圖 28-1 為效期價值報表，取得此報表的位置為「目標對象 → 效期價值」，如紅框處所示。從畫面中間可以看到一個大型趨勢圖，其 X 軸表示時間，Y 軸表示每位使用者收益，分析者可以透過藍框①處的「效期價值指標」

調整 Y 軸指標,藍框②處的「客戶開發日期範圍」調整 X 軸時間區間,不過由於這項報表原本只能在行動應用程式的帳戶中使用,直到後來才開放網站帳戶也可以使用,因此最多僅能回溯至 2017 年 3 月 1 日。除此之外,綠框處可以調整 X 軸的單位,包括「天」、「週」以及「月」。根據 GA 官方說法,效期長度最多為 90 天,因此若以「天」做為單位時,最多可查看 90 天的流量;若以「週」做為單位,最多能查看 13 週的流量;若以「月」為單位,最多能查看 3 個月的流量。

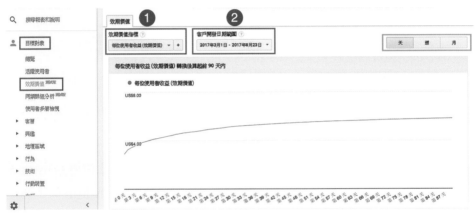

圖 28-1　效期價值報表 (1)

關於趨勢圖的 X 軸

了解報表中各項元素之後,再來要說明趨勢圖中的 X 軸怎麼看。假設今天日期為 2017 年 9 月 23 日,而客戶開發日期範圍設定「2017 年 9 月 1 日 - 2017 年 9 月 23 日」。按照以上敘述,趨勢圖會如同圖 28-2 所示,這時請仔細觀察畫面中的趨勢圖,框線處之 X 軸從第 0 天計數到第 22 天,這代表它會以客戶開發日期範圍的上界限做為起始點並往後進行計數。雖然效期上限為 90 天,不過因為 X 軸的計數最多僅能到「當日」(2017 年 9 月 23 日),所以最後僅計數到第 22 天,因此對應趨勢圖中的 X 軸,第 0 天就代表 2017 年 9 月 1 日,而第 22 天就代表 2017 年 9 月 23 日。

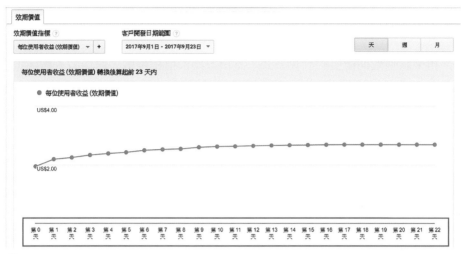

 28-2 效期價值報表 (2)

以此類推，若將客戶開發日期範圍調整為「2017 年 3 月 1 日 - 2017 年 3 月 31 日」會出現什麼情形呢？同樣以日期範圍的上界限做為起始點往後進行計數，此時由於沒有「當日」的限制；因此 X 軸會直接計數到效期上限的第 89 天，如圖 28-3 框線處所示。其中第 0 天代表 2017 年 3 月 1 日，第 89 天代表 2017 年 5 月 29 日，讀者也可以親自動手試算一遍，以上就是效期價值報表中的趨勢圖 X 軸的時間計算方式。

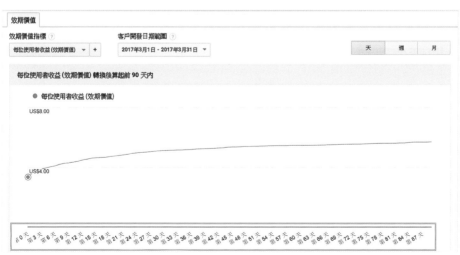

 28-3 效期價值報表 (3)

效期價值的計算

再來談到效期價值的計算公式：累積效期價值指標數／使用者人數，位在分母的「使用者人數」代表客戶開發日期範圍內的總使用者人數，位在分子的累積效期價值指標數代表效期價值指標數的累積。我們可以透過圖 28-4 的表格了解效期價值的計算方式。

折線圖 X 軸	效期價值指標數	累積效期價值指標數	使用者人數	效期價值
第 0 日	10	10	100	0.1
第 1 日	50	60	100	0.6
第 2 日	20	80	100	0.8
第 3 日	60	140	100	1.4
第 4 日	10	150	100	1.5

圖 28-4　效期價值的計算

透過圖 28-4 可以很清楚的了解趨勢圖中的「效期價值」是如何計算而來，並且可得到以下結論：(1) 趨勢圖的斜率必為正數，因為效期價值使用累積的概念來計算效期價值指標。(2) 折線圖的斜率代表效期價值指標數的變化量，因此若發現趨勢圖出現陡坡，代表該效期指標發生劇烈變化。

效期價值雙變數分析

效期價值的趨勢圖除了可以進行單一變數分析，還可以進行雙變數分析 (如圖 28-5 所示)，我們可以透過紅框處的設定增加比較指標，除了每位使用者收益以外，還包含了工作階段持續時間、工作階段數、目標達成數、交易量以及瀏覽量等五個項目。以圖 28-5 為例，筆者在原本效期價值「每位使用者收益 (效期價值)」以外，增添了「每位使用者瀏覽量 (效期價值)」做為比較指標，調整後趨勢圖會由兩條線交織而成。從綠框處可以發現，深藍色的線條變

化明顯大於淺藍色的線條變化，這意味著在綠框處這段期間內，平均使用者瀏覽量變化幅度雖然維持穩定，不過平均使用者收益卻出現了劇烈變化。

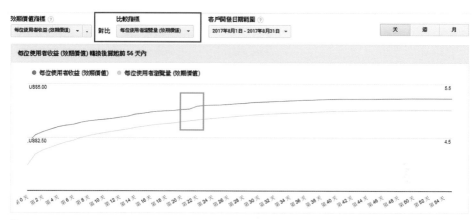

圖 28-5　效期價值報表 (4)

解讀效期價值表格

　　說明完效期價值報表的趨勢圖部分之後，接著看到趨勢圖下方的表格部分，如圖 28-6 所示。透過這份表格可以得知不同客戶開發管道分別帶來了多少效期價值，而資料的產生來自於趨勢圖上方客戶開發日期範圍之設置。我們可以從圖 28-6 得知此網站在「Referral」推薦連結管道成效最優，透過這種方式進入網站的使用者雖不是最多，卻能夠帶來最高效期價值。反之，透過「Social」社群軟體管道進入網站的使用者，人數排名雖居第二，其效期價值卻寥寥無幾。若讀者有使用 FB 經營粉絲專頁的經驗，對於「加強推廣貼文」的功能肯定不陌生，它必須花錢讓自己的貼文出現在更多人的 FB 版面，藉此提高點擊率及瀏覽量，這時候如果發現背後的 GA 效期價值報表所呈現的 Social 管道成效如此低迷，自己還會繼續花費冤枉錢嗎？

	客戶開發管道 ▼		使用者 ❓	↓	每位使用者收益 (效期價值) ❓	收益 (效期價值) ❓
			67,721 % 總計: 100.00% (67,721)		**US$4.30** % 總計: 99.48% (US$4.33)	**US$292,976.07** % 總計: 100.00% (US$292,976.07)
☐	1.	Organic Search	**33,053** (48.55%)		US$0.76 (17.66%)	US$25,119.72 (8.57%)
☐	2.	Social	**12,988** (19.08%)		US$0.04 (0.92%)	US$514.64 (0.18%)
☐	3.	Direct	**11,349** (16.67%)		US$5.10 (118.54%)	US$57,895.91 (19.76%)
☐	4.	Referral	**6,370** (9.36%)		US$31.93 (742.03%)	US$203,418.21 (69.43%)
☐	5.	Display	**1,974** (2.90%)		US$1.05 (24.44%)	US$2,076.50 (0.71%)
☐	6.	Paid Search	**1,325** (1.95%)		US$2.98 (69.29%)	US$3,951.09 (1.35%)
☐	7.	Affiliates	**1,018** (1.50%)		US$0.00 (0.00%)	US$0.00 (0.00%)

顯示列數: 10 ▼　前往: 1　1 - 7 頁 (共 7 頁) ❮ ❯

這份報表是在 2017/9/25 下午8:43:09 建立的 - 查新整理報表

📖 28-6　效期價值報表 (5)

　　除此之外，我們還可以調整表格部分的主要維度 (如圖 28-7 框線處)，除了客戶開發管道以外，還有客戶開發來源、客戶開發媒介、客戶開發廣告活動等維度能夠進行切換，藉此了解各個管道、來源、媒介或者廣告活動的成效是否符合分析者預期。

	客戶開發管道 ▼		使用者 ❓	↓	每位使用者收益 (效期價值) ❓	收益 (效期價值) ❓
	✓ 客戶開發管道 客戶開發來源 客戶開發媒介 客戶開發廣告活動		**67,721** % 總計: 100.00% (67,721)		**US$4.30** % 總計: 99.48% (US$4.33)	**US$292,976.07** % 總計: 100.00% (US$292,976.07)
☐			**33,053** (48.55%)		US$0.76 (17.66%)	US$25,119.72 (8.57%)
☐			**12,988** (19.08%)		US$0.04 (0.92%)	US$514.64 (0.18%)
☐	3.	Direct	**11,349** (16.67%)		US$5.10 (118.54%)	US$57,895.91 (19.76%)
☐	4.	Referral	**6,370** (9.36%)		US$31.93 (742.03%)	US$203,418.21 (69.43%)
☐	5.	Display	**1,974** (2.90%)		US$1.05 (24.44%)	US$2,076.50 (0.71%)
☐	6.	Paid Search	**1,325** (1.95%)		US$2.98 (69.29%)	US$3,951.09 (1.35%)
☐	7.	Affiliates	**1,018** (1.50%)		US$0.00 (0.00%)	US$0.00 (0.00%)

顯示列數: 10 ▼　前往: 1　1 - 7 頁 (共 7 頁) ❮ ❯

這份報表是在 2017/9/25 下午9:54:33 建立的 - 查新整理報表

📖 28-7　效期價值報表 (6)

同類群組分析報表怎麼看？

何謂同類群組分析？

同類群組分析 (Cohort Analysis)，也有人稱為分群分析，拋開分析不談，先來討論「同類群組」這個詞。簡單來說，同類群組指的是具有共同特性的一群人，像是大學生涯依照年級區分成大一、大二、大三、大四，這就分別代表了四個同類群組，不過若改為依照課程來區分，選修 A 課程的學生以及選修 B 課程的學生也可以分為兩個獨立的同類群組，因此我們能夠依照不同的標準來區隔同類群組。

接著加入「分析」概念，舉個例子來說，若想要比較 ABC 大學第一屆畢業生，以及第二屆畢業生畢業五年內的薪資狀況，並以折線圖的方式呈現，以「距離畢業年分」做為折線圖 X 軸，「薪資狀況」做為折線圖 Y 軸，如此一來就能從這張圖中取得兩個重點：(1) 能夠分別了解兩屆畢業生畢業五年內其個別薪資變化，也就是「同類群組內」的比較。(2) 能夠得知兩屆畢業生畢業五年內薪資變化的差異，也就是「同類群組間」的比較。綜合同類群組內以及同類群組間的比較，就奠定了「同類群組分析」的基礎。

同類群組分析在行銷上的應用，主要用來評估一項活動留下用戶的能力，也就是顧客保留率 (Customer Retention Rate)。當行銷活動正在進行時，我們一定希望可以藉此吸引更多新訪客，除此之外，更期望這些訪客還會再次從事購買行為成為回頭客。因此 GA 提供「同類群組分析」報表，讓分析者不必再去猜測行銷活動或方案對於顧客慰留之成效，接下來就讓我們一同來看這份報表。

同類群組報表

圖 29-1 為同類群組分析報表，取得此報表的位置為「目標對象 → 同類群組分析」，如紅框處所示。這份報表主要分為兩個部分，分別是折線圖以及方格圖。首先看到折線圖部分，畫面中的折線圖使用了「時間」做為 X 軸，並以「指標值」做為 Y 軸，其中「時間」可以透過藍框①處的日期範圍調整，分別有「前 7 天」、「前 14 天」、「前 21 天」、「前 30 天」四個項目可以選擇，「指標值」可以透過藍框②處的指標調整，其中包含了「回訪率」、「使用者」以及「總計」三個類別，圖 29-1 則使用了回訪率中的「使用者回訪」指標。除此之外，由於目前同類群組報表尚處於測試階段，因此功能上仍有所受限，位於藍框③處的同類群組類型項目，即是進行總使用者分群的依據，目前僅有「轉換日期」一個項目可以選擇，也就是在不同日期發生轉換行為的訪客會被歸類於不同群組。

藍框④處的規模項目可以設定一個群組的規模大小，其中包含了「按日」、「按週」以及「按月」三個設定項目。若規模選擇「按日」，只要在不同天發生轉換行為的訪客將會被分配在獨立的一個群組；而若規模選擇「按週」，在同一週內只要發生轉換行為的訪客將會被分配在同一個群組；至於若規模選擇「按月」，在同一個月份內只要發生轉換行為的訪客將會被分配在同一個群組。最後，藍框⑤處可以設定多個同類群組進行比較，最多可以選擇四組同類群組，屆時折線圖中也會產生多個線條並以不同顏色區隔群組。

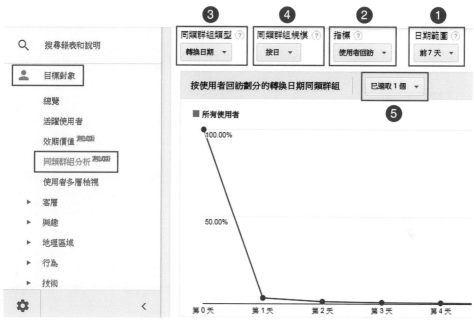

圖 29-1　同類群組分析 (1)

同類群組報表折線圖 X 軸

　　認識圖 29-1 畫面中的各項元素後，那麼折線圖該如何解讀呢？先從 X 軸開始看起，它與效期價值折線圖中的 X 軸相當類似，都是以時間計數來表達。假設當天為 2017 年 10 月 3 日，日期範圍選擇「前 7 天」且規模「按日」來呈現，此時在 X 軸就會從第 0 天計數到第 7 天，其中第 7 天指的就是當天往前回推一天，也就是 2017 年 10 月 2 日，再繼續向前推算至第 0 天就相當於 2017 年 9 月 26 日，因此圖 29-2 預設的折線圖就是依照 2017 年 9 月 26 日發生轉換行為的同類群組繪製而成。

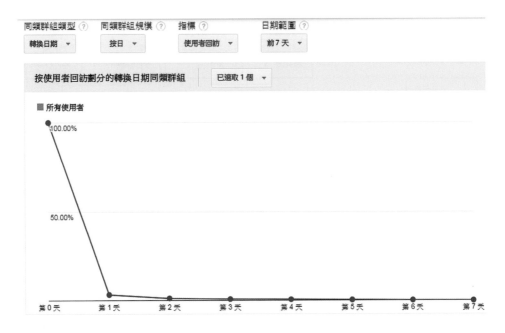

（圖）29-2　同類群組分析 (2)

　　若將日期範圍改成「前 30 天」之後，會發現折線圖的 X 軸只有從 0 天計數到第 12 天而非計數到第 30 天，這是目前 GA 在測試功能中的限制。雖然如此，但計算方式仍然沒有受到影響。受到限制而未呈現於報表的「第 30 天」代表的是 2017 年 10 月 2 日，往前回推第 12 天就是 2017 年 9 月 14 日，再向前推論第 0 天也就是 2017 年 9 月 2 日，因此圖 29-3 預設的折線圖就是依照 2017 年 9 月 2 日發生轉換行為的同類群組繪製而成。

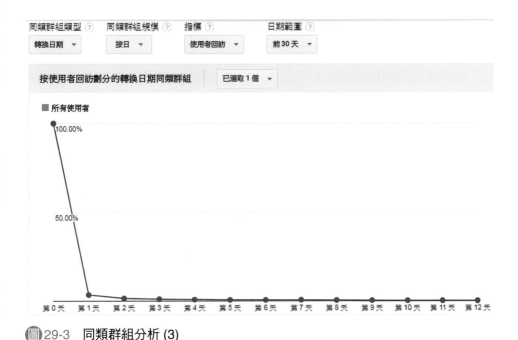

圖 29-3　同類群組分析 (3)

同類群組報表折線圖 Y 軸

　　了解折線圖 X 軸的計算方式之後，接下來說明預設狀況下的折線圖 Y 軸「使用者回訪」是如何計算得來。首先在折線圖中第 0 天的使用者回訪率必為 100%，因為該折線圖就是以該日期發生轉換行為的使用者做為同類群組的依據，所以當日的訪客回訪人數就理所當然等於在當日發生轉換行為的使用者人數，因此第 0 日的使用者回訪率必為 100%。接著，折線圖中的變化就會開始依據回訪人數的增減，產生上升或下降的趨勢。

　　假如第一天的回訪率為 20%，這就說明了那一批在第 0 天發生轉換行為的使用者，有 20% 的使用者又再度造訪了你的網站，反之有 80% 的使用者就此離去。通常訪客回訪率會日漸下降並且趨近於 0，除非有意的操作行銷手法促使訪客回訪，例如：再行銷廣告，若成效明顯時，就會產生訪客回訪率增加的情形，折線圖也會因此上升，所以我們也可以透過同類群組分析的折線圖判斷短期的行銷活動是否發揮成效。

同類群組報表方格圖

再來看到同類群組分析的第二部分「方格圖」，可從畫面中看到一個由許多藍色漸層色塊所組成的方格圖 (如圖 29-4 所示)。如同第一部分的折線圖，若要調整方格圖的資料來源同樣是透過折線圖上方的項目來達成，也就是圖 29-1 的藍框① - ④。那麼這張方格圖該如何解讀呢？我們可以透過兩個不同角度來說明，分別用橫看以及縱看來解讀。

首先將方格圖橫著一列一列的看，我們可以從中得知在一個同類群組中。訪客回訪率依照時間變化的情形，這與在折線圖僅使用單一同類群組作圖的概念相同，只不過改為用數字與方格的方式來表達，透過這種角度觀察方格圖著重於組內的比較。再來改將方格圖縱著一行一行的看，我們可以從中得知不同群組在經歷相同時間後其訪客回訪率狀況，這與在折線圖中使用多個同類群組作圖的概念相同，透過這種角度觀察方格圖著重於組間的比較。除此之外，方格中的顏色會依據回訪率的高低改變深淺，愈接近深藍色其回訪率愈高，愈接近淺藍色其回訪率愈低，使得分析者一眼即可辨識訪客回訪率的高低變化。

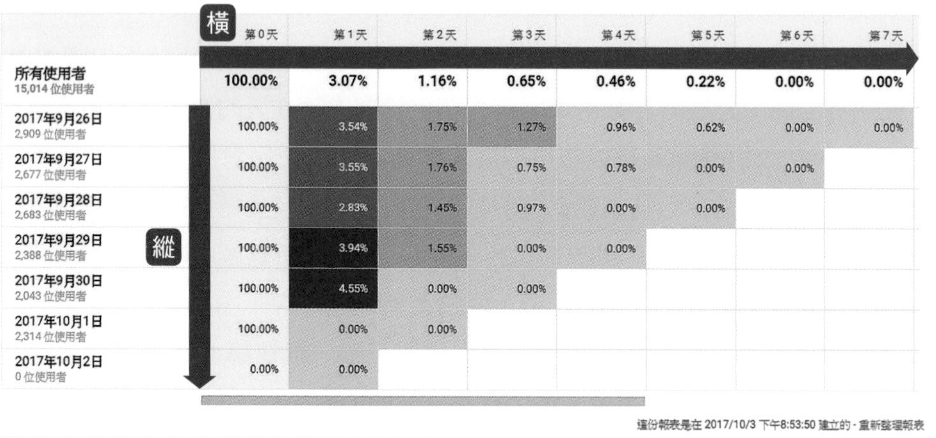

橫	第0天	第1天	第2天	第3天	第4天	第5天	第6天	第7天
所有使用者 15,014 位使用者	100.00%	3.07%	1.16%	0.65%	0.46%	0.22%	0.00%	0.00%
2017年9月26日 2,909 位使用者	100.00%	3.54%	1.75%	1.27%	0.96%	0.62%	0.00%	0.00%
2017年9月27日 2,677 位使用者	100.00%	3.55%	1.76%	0.75%	0.78%	0.00%	0.00%	
2017年9月28日 2,683 位使用者	100.00%	2.83%	1.45%	0.97%	0.00%	0.00%		
2017年9月29日 2,388 位使用者	100.00%	3.94%	1.55%	0.00%	0.00%			
2017年9月30日 2,043 位使用者	100.00%	4.55%	0.00%	0.00%				
2017年10月1日 2,314 位使用者	100.00%	0.00%	0.00%					
2017年10月2日 0 位使用者	0.00%	0.00%						

這份報表是在 2017/10/3 下午8:53:50 建立的，重新整理報表

圖 29-4　同類群組分析 (4)

　　從圖 29-5 的方格圖中可以看到幾個現象，例如：紅框處發生了使用者回訪率隨著時間推移而上升的情形，這很有可能是分析者在 2017 年 9 月 27 日的第 3 天 (也就是 2017 年 9 月 30 日) 投放了行銷活動，促使使用者回訪，而使得再隔一天的 2017 年 10 月 1 日達到成效。另外，在綠框處可以得知同樣在發生轉換行為後的第 1 天，2017 年 9 月 28 日的同類群組其使用者回訪率屬於最低點 (2.83%)，不過在它之後的 9 月 29 日以及 9 月 30 日的群組其訪客回訪率漸漸的回升，這很有可能是該網站經營者已在 9 月 29 日察覺到訪客回訪率偏低的情形，因此在 9 月 30 日採用了回購優惠等類似行銷策略，促使兩個不同群組的使用者皆出現較高的回訪率。

	第 0 天	第 1 天	第 2 天	第 3 天	第 4 天	第 5 天	第 6 天	第 7 天
所有使用者 15,014 位使用者	**100.00%**	**3.07%**	**1.16%**	**0.65%**	**0.46%**	**0.22%**	**0.00%**	**0.00%**
2017年9月26日 2,909 位使用者	100.00%	3.54%	1.75%	1.27%	0.96%	0.62%	0.00%	0.00%
2017年9月27日 2,677 位使用者	100.00%	3.55%	1.76%	0.75%	0.78%	0.00%	0.00%	
2017年9月28日 2,683 位使用者	100.00%	2.83%	1.45%	0.97%	0.00%	0.00%		
2017年9月29日 2,388 位使用者	100.00%	3.94%	1.55%	0.00%	0.00%			
2017年9月30日 2,043 位使用者	100.00%	4.55%	0.00%	0.00%				
2017年10月1日 2,314 位使用者	100.00%	0.00%	0.00%					
2017年10月2日 0 位使用者	0.00%	0.00%						

這份報表是在 2017/10/3 下午8:53:50 建立的，重新整理報表

圖 29-5　同類群組分析 (5)

工作階段品質報表怎麼看？

從本章可以學到

- 工作階段品質報表的組成
- 工作階段品質報表的解讀
- 工作階段品質報表區隔設定

何謂工作階段品質？

工作階段品質 (Session Quality) 是一項用來衡量訪客造訪以及訪客發生轉換行為之間的評比，它的範圍值介於 0-100 分之間，分數愈高代表其工作階段品質愈好。若分數值為 0，代表它的工作階段品質在特定時間區段內無法被評估。基本上訪客發生愈多次轉換行為並帶來愈高的價值時，其工作階段品質就會愈高，但事實上也不盡然是如此，因為它是透過 GA 特殊的演算法結合深度學習技術所得來的結果，我們也無從得知它的計算依據為何。接下來就讓我們來看看 GA 中的工作階段品質報表呈現什麼樣貌。

工作階段品質報表

工作階段品質報表並不存在於每一個帳戶，它的出現必須符合一些條件：(1) 該 GA 帳戶中必須啟用電子商務追蹤功能，因為工作階段品質報表的基礎就是源自於電子商務報表。(2) 該帳戶中的電子商務交易次數必須超過門檻值 1,000 次以上，工作階段品質報表才會開始運作。(3) 當達到電子商務交易次數

門檻值 1,000 次以後，GA 還需耗費 30 天建立工作階段品質之深度學習模型。當以上三項條件皆成立，GA 帳戶中才會出現工作階段品質報表。

　　圖 30-1 即是工作階段品質報表，取得此報表的位置為「目標對象 → 行為 → 工作階段品質」，如紅框處所示。這份報表主要可以分為兩個部分來看，分別為橫條圖以及列表，首先看到橫條圖的部分。畫面右上方藍框①處可以調整時間區段，資料量將會依照時間區段而改變，若資料量過於龐大至工作階段超過門檻值 50 萬時，藍框②處的圖標會由畫面中的綠色盾牌轉變成黃色盾牌，代表所顯示的資料將改為抽樣方式來計算，以平衡資料運算時間以及資料準確度。藍框③處將所有的工作階段分為「發生交易的工作階段」以及「沒有交易的工作階段」兩類，分析者可從中得知願意在該網站中消費的工作階段情況。藍框④部分說明了在各工作階段品質的區間下，有無發生交易的工作階段之分布情況。

圖 30-1　工作階段品質報表

解讀工作階段品質報表

　　我們可想而知的是，工作階段品質最差的「1」肯定占據了最大一部分，而且它在眾多的工作階段中有發生交易的工作階段比率也肯定是所有區間中

最少的。例如：從圖 30-2 中可以看到，在工作階段品質為「1」的工作階段中僅有 0.004% (24/599,066) 的工作階段有發生交易行為。至於為何這 24 筆具有交易行為的工作階段會被歸類在工作階段品質為「1」的區間中，可能的原因如下：(1) 這幾次的交易金額都微乎其微。(2) 交易過後皆發生了退貨情況。(3) 這些工作階段都僅是一次性的交易行為，再也沒有發生二次交易。除此之外，我們可以發現另一個現象，那就是工作階段以及發生交易的工作階段皆不一定會隨著工作階段品質的上升而變多，但是工作階段品質卻會隨著發生交易的工作階段百分率增加而上升。

再次以圖 30-2 的橫條圖做為舉例，首先，點選綠框處將工作階段品質「2-5」的區間展開，可以發現在工作階段品質為「2」的基礎下，其發生交易工作階段的百分率為 0.029% (17/57,789)，在工作階段品質為「3」的基礎下，其發生交易工作階段的百分率為 0.186% (37/19,827)，當工作階段品質由「2」增加為「3」時，其發生交易工作階段的百分率也從 0.029% 上升至 0.186%，兩者具有正向關係，讀者不妨再拿其他區間來做驗證。

工作階段品質	工作階段	發生交易的工作階段	沒有交易的工作階段
1	599,066	24	599,042
2-5	95,924	125	95,799
2	57,789	17	57,772
3	19,827	37	19,790
4	10,981	34	10,947
5	7,327	37	7,290
6-20	33,929	732	33,197
21-50	22,101	2,574	19,527
51-100	41,472	19,282	22,190

圖 30-2 工作階段品質 (橫條圖)

工作階段品質區隔

除此之外，分析者可以點選圖 30-2 紅框處建立一個特定工作階段品質區間的區隔。舉個例子來說，假設分析者欲獨立查看工作階段品質區間介於 2 到 5 之間的流量表現，可點選工作階段品質 2 到 5 後方的區隔符號。進入圖 30-3 的畫面後透過框線①處設定區隔名稱，接著透過框線②處選取所要啟用的資料

檢視，若選擇「任何資料檢視」即可將此區隔套用至其他具有工作階段品質的報表中；若選擇「目前的資料檢視」則僅會將此區隔套用至目前所採用的資料檢視。設定完成後點選框線③處的「建立區隔」。

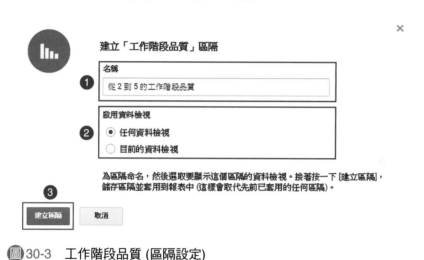

圖 30-3　工作階段品質 (區隔設定)

　　圖 30-4 即為完成區隔設定後的畫面，區隔部分就會由原本的「所有使用者」改為「從 2 到 5 的工作階段品質」，如框線處所示。此外，除了工作階段品質 2 到 5 的資料仍然存在以外，其餘的資料都會暫時被歸零。同時，在接下來要介紹的列表部分也會受到區隔影響，產生資料量的改變。

從 2 到 5 的工作階段品質	工作階段	發生交易的工作階段	沒有交易的工作階段
從 2 到 5 的工作階段品質	364,710 % 總計: 34.37% (1,061,275)	3,726 % 總計: 14.15% (26,336)	360,984 % 總計: 34.88% (1,034,939)

工作階段品質 ⑦		工作階段 ⑦	發生交易的工作階段 ⑦	沒有交易的工作階段 ⑦
1	⫴	0	0	0
2-5	⫴	95,924	125	95,799
6-20	⫴	0	0	0
21-50	⫴	0	0	0
51-100	⫴	0	0	0

圖 30-4　工作階段品質 (區隔)

工作階段品質列表

介紹完橫條圖的部分後，接下來介紹工作階段品質報表的列表部分，如圖 30-5 所示。在此列表中預設主要維度為「預設管道分組」，讀者可以透過框線①處切換主要維度。接下來，我們先將重點放在框線②處「平均工作階段品質」這項指標上，顧名思義它將會根據主要維度的項目產生工作階段品質的平均數。就以預設主要維度「預設管道分組」為例，分析者可以從中發現「Referral」管道不僅平均工作階段品質的數值最高，其電子商務轉換率也是最高的，這就代表透過第三方網站引流進入側錄網站之訪客帶來的實際價值高過於其他管道。此外，若要更加了解在眾多「Referral」中主要是倚賴哪些第三方網站引流訪客進入側錄網站，可以點選框線③處的「Referral」查看關於推薦連結的詳情。

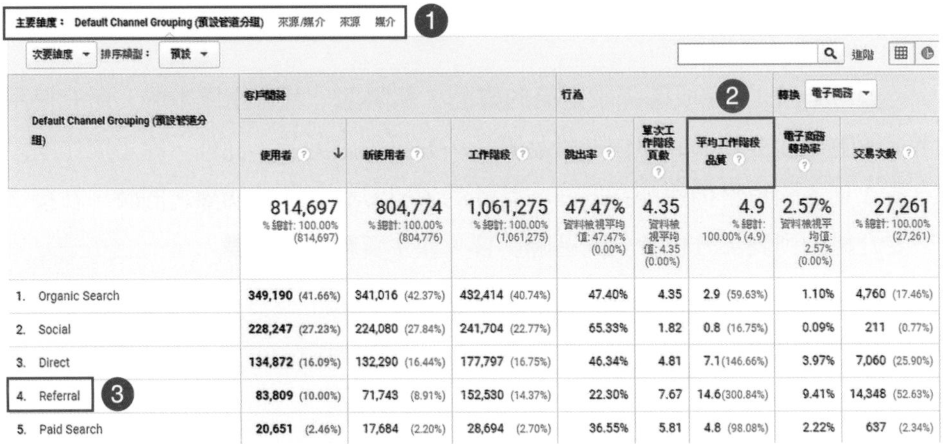

圖30-5 工作階段品質 (列表)

從圖 30-6 可以得知，透過「gdeals.googleplex.com」網站中之連結進入側錄網站的訪客，能夠產生最高平均工作階段品質 (如框線處所示)。

主要維度： 來源　到達網頁

來源	客戶開發			行為			轉換 電子商務	
	使用者	新使用者	工作階段	跳出率	單次工作階段頁數	平均工作階段品質	電子商務轉換率	交易次數
	83,809 %總計: 10.29% (814,697)	71,721 %總計: 8.91% (804,776)	152,502 %總計: 14.37% (1,061,275)	22.30% 資料檢視平均值: 47.47% (-53.03%)	7.67 資料檢視平均值: 4.35 (76.33%)	14.6 資料檢視平均值: (4.9) 300.84%	9.41% %總計: 2.57% (266.20%)	14,346 %總計: 52.62% (27,261)
1. mall.googleplex.com	44,904 (50.08%)	36,831 (51.35%)	88,460 (58.01%)	12.86%	9.25	15.4(105.38%)	10.02%	8,863 (61.78%)
2. analytics.google.com	13,649 (15.22%)	10,422 (14.53%)	18,084 (11.86%)	51.14%	2.86	1.5 (10.42%)	0.01%	2 (0.01%)
3. sites.google.com	7,449 (8.31%)	4,896 (6.83%)	12,892 (8.45%)	20.89%	7.65	26.0(177.32%)	17.76%	2,289 (15.96%)
4. google.com	4,743 (5.29%)	4,627 (6.45%)	5,259 (3.45%)	40.65%	4.37	2.0 (13.96%)	0.11%	6 (0.04%)
5. gdeals.googleplex.com	4,509 (5.03%)	3,233 (4.51%)	8,579 (5.63%)	8.85%	9.96	40.9(279.43%)	27.66%	2,373 (16.54%)

圖 30-6　工作階段品質——列表 (1)

　　分析者甚至可以透過這份列表查看關鍵字廣告成效，首先點選圖 30-7 框線①處的「媒介」並且接著點選框線②處的「cpc」。

主要維度： Default Channel Grouping (預設管道分組)　來源/媒介　來源　**媒介** ❶

媒介	客戶開發			行為			轉換 電子商務	
	使用者	新使用者	工作階段	跳出率	單次工作階段頁數	平均工作階段品質	電子商務轉換率	交易次數
	814,697 %總計: 100.00% (814,697)	804,775 %總計: 100.00% (804,776)	1,061,274 %總計: 100.00% (1,061,275)	47.47% 資料檢視平均值: 47.47% (0.00%)	4.35 資料檢視平均值: 4.35 (0.00%)	4.9 %總計: 100.00% (4.9)	2.57% %總計: 2.57% (0.00%)	27,260 %總計: 100.00% (27,261)
1. organic	349,190 (41.63%)	341,016 (42.37%)	432,414 (40.74%)	47.40%	4.35	2.9 (59.63%)	1.10%	4,760 (17.46%)
2. referral	312,796 (37.29%)	295,823 (36.76%)	394,234 (37.15%)	48.68%	4.08	6.2(126.66%)	3.69%	14,559 (53.41%)
3. (none)	137,023 (16.34%)	133,575 (16.60%)	181,944 (17.14%)	46.78%	4.77	7.0(144.17%)	3.89%	7,081 (25.98%)
4. cpc ❷	20,182 (2.41%)	18,237 (2.27%)	27,121 (2.56%)	37.41%	5.82	4.9(100.06%)	2.27%	615 (2.26%)
5. affiliate	14,701 (1.75%)	13,784 (1.71%)	18,048 (1.70%)	50.89%	3.10	1.2 (24.33%)	0.06%	11 (0.04%)

圖 30-7　工作階段品質——列表 (2)

　　進入圖 30-8 的畫面後，將框線處的次要維度選取為「關鍵字」，畫面即會列出所有訪客用以尋找側錄網站所使用的付費及非付費關鍵字搜尋結果，此

時搭配著「平均工作階段品質」以及「電子商務轉換率」的指標一併觀察，即可從中判斷出每一個關鍵字的價值高低。從價值偏低的非付費關鍵字中，分析者可以探索出訪客的個人化查詢需求；從價值偏低的付費關鍵字中，分析者則可以重新評估是否要繼續將金錢投資於此關鍵字上，以免造成不必要的損失。

媒介	關鍵字	客戶開發			行為		
		使用者 ↓	新使用者	工作階段	跳出率	單次工作階段頁數	平均工作階段品質
		20,182 % 總計: 2.48% (814,697)	18,226 % 總計: 2.26% (804,776)	27,110 % 總計: 2.55% (1,061,275)	37.41% 資料被視平均值: 47.47% (-21.21%)	5.82 資料被視平均值: 4.35 (33.88%)	4.9 % 總計: 100.06% (4.9)
1. cpc	dynamic search ads	12,861 (62.85%)	11,577 (63.52%)	16,736 (61.73%)	29.58%	6.72	5.0 (102.44%)
2. cpc	(user vertical targeting)	1,585 (7.75%)	1,585 (8.70%)	2,259 (8.33%)	92.39%	1.12	1.0 (21.31%)
3. cpc	google merchandise store	1,342 (6.56%)	1,000 (5.49%)	2,160 (7.97%)	28.89%	6.44	8.4 (172.19%)
4. cpc	google merchandise	1,147 (5.60%)	865 (4.75%)	1,757 (6.48%)	22.65%	7.39	7.6 (156.21%)
5. cpc	google store	824 (4.03%)	805 (4.42%)	962 (3.55%)	53.22%	3.00	2.6 (53.55%)

圖 30-8　工作階段品質——列表 (3)

　　最後，由於目前工作階段品質報表仍屬於測試階段，因此只能夠以「工作階段」做為基礎來計算品質，若能夠以「使用者」跨裝置的計算品質這項指標，那將會更具有參考價值。由於一名使用者能夠產生多次工作階段，當使用者瀏覽側錄網站的過程遇到工作階段逾時或是中途改為使用其他裝置，它都會被重複計算至工作階段當中，期望未來這項報表能夠透過不同指標來計算品質。

基準化報表怎麼看？

- 基準化分析法
- 基準化報表的啟用
- 基準化動態圖表的使用
- 基準化報表的解讀

基準化分析法

　　基準化分析法 (Benchmarking) 的概念就是「以他人做為基準並且拿來與自己比較」，若是以經營企業的角度來實行基準化分析法，就代表拿自己公司的某些指標去與其他同類型的公司互相比較；若是以經營網站的角度來實行基準化分析法，就是拿自己網站的某些指標去與其他同類型的網站互相比較。不管是經營企業或是經營網站，都可以透過比較來得知自己的優勢與劣勢，得以保留優勢改善劣勢進而精益求精。除此之外，以經營網站的角度而言，藉由基準化分析後，這些常聽到的問題也會就此有所著落，例如：「跳出率 30% 到底是高還是低呢？」、「平均工作階段時間 2 分鐘到底是長還是短呢？」、「擁有 20% 的新使用者到底是多還是少呢？」

啟用基準化報表

　　若要使用基準化報表，必須進入 GA 管理員中的帳戶設定畫面，如圖 31-1 所示，將框線處的「基準化」項目勾選以啟用基準化分析功能，這時 GA 就會將同樣有開啟這項功能的帳戶資料以匿名方式彙整於基準化報表中。

☑ Google 產品和服務 連續採用
提供 Google Analytics (分析) 資料給 Google，協助我們改善產品和服務。將您的 Google Analytics (分析) 資料與 Google 共用，藉此協助提升產品和服務品質。啟用這項設定後，Google Analytics (分析) 便可提供業界一流的「情報快訊」和「深入分析」服務，維護能造福所有已連結的產品和使用者的重要「垃圾內容偵測」服務，並提供「加強型客層和興趣」報表 (如果啟用了 Google 信號)。如果您停用這個選項，資料仍可能傳送到與您資源連結的其他 Google 產品，如要查看要變更設定，請前往各資源的「產品連結」部分。

> ✔ 已於下列日期對這個帳戶共用的資料接受《控管者與控管者的資料條款》：**2019年6月11日**　　　　ⱽ

☑ 基準化 連續採用
傳送匿名資料給匯總資料集以啟用更多功能，如基準化和取得有助於瞭解資料趨勢的發布資料。與他人分享您的資料前，我們會移除其中所有可用來辨識您網站的資訊，並與其他匿名資料彙整。顯示範例

☑ 技術支援 連續採用
允許 Google 技術支援代表在必要時存取您的 Google Analytics (分析) 資料，以提供服務並尋求技術問題的解決方法。

☑ 帳戶專家 連續採用
允許 Google 行銷專家與 Google 銷售專家存取您的 Google Analytics (分析) 資料及帳戶，讓他們找出方法協助您改善設定與分析方式，並與您分享最佳化訣竅。如果您沒有專屬的銷售專家，請將這項存取權授予已獲得授權的 Google 代表。

圖 31-1　啟用基準化

　　若要查看基準化報表，其位置為「目標對象 → 基準化」，如圖 31-2 框線處所示。其中基準化報表又包含了三個部分，分別是「管道」、「地區」以及「裝置」，這三項分析項目分別在報表中使用了「預設管道分組」、「國家／地區」和「裝置類別」做為主要維度。

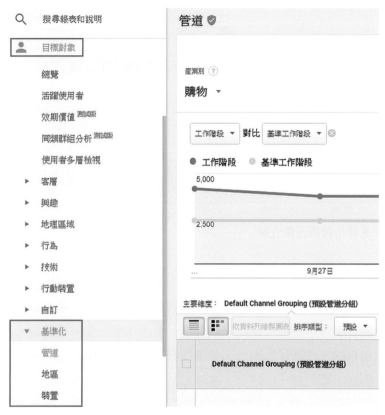

圖31-2 取得基準化報表

基準化折線圖

　　首先介紹基準化中的管道報表，如圖 31-3 所示。框線①處用來調整日期範圍，框線②處用來調整產業別，預設值為一開始建立 GA 帳戶時所設定的產業類別項目，通常它會是最符合分析者進行基準化比較的選項。不過除此之外，分析者也可以跨產業的進行基準化的流量比較，根據 Google 官方說法，它提供了超過 1600 種的產業項目可以做選擇。像是運動產業，GA 就將其細分為水上運動、汽車運動、個人運動、團體運動等項目，幫助分析者快速的找到最符合分析需求又最精確的產業類別。

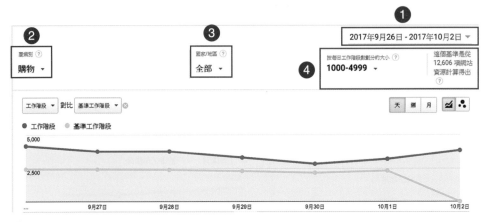

圖31-3　基準化報表元素介紹

　　框線③處調整國家／地區，預設值為「全部」，也就是來自所有國家或地區的流量都已囊括於此，透過這項設定的調整，分析者可以僅查看特定地區的流量，不過一次僅限選擇一個國家或地區。框線④處調整業務規模，此項目的設定是以每日的工作階段為劃分，並選擇自己要與什麼樣規模的網站進行基準化比較。例如：若選擇「0-99」，這時 GA 就會在所設定的產業別中，挑選出每日平均工作階段介於 0-99 的網站來與自己的網站做比較，屆時在此設定項目的右方，就會顯示目前所採用與自己網站進行基準化比較的網站數量。

　　除此之外，將框線④的下拉式箭頭展開後可以發現，在其中一個工作階段區間旁會標注著「預設」二字，這代表根據 GA 的計算，自己網站的流量規模目前坐落於此區間，因此請選擇與自己網站流量規模近似的網站進行基準化比較。綜合框線① - ④的設定項目，基準化報表中的另外兩個部分「地區」以及「裝置」也都具有相同的設定項目。

　　讀者還可以分別在基準化報表中的「管道」、「地區」、「裝置」三個部分各看到一張折線圖，如圖 31-4 所示。這張折線圖在預設狀況下是由「工作階段」以及「基準工作階段」根據時間變化所交織出來的圖，其中「工作階段」指的是自己網站的平均工作階段，而「基準工作階段」指的是所有競爭網站平均下來的工作階段。分析者也可以透過框線①處的下拉式箭頭改用其他指標繪製折線圖。另外，透過框線②處可以調整折線圖的週期，有「天」、

「週」、「月」的項目可以選擇。就圖 31-4 而言，它是以「月」週期所繪製而成的折線圖，從中可以得知長期以來，自己網站與競爭網站在工作階段上的差異，基本上它們之間的落差值並不會相差太大，因為在上方的設定中已將「業務規模」調整為預設值。此外，從這兩條折線中可以發現，此網站一年以來在「工作階段」這項指標上的表現略優於同產業競爭者的平均趨勢。

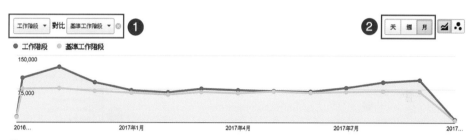

圖 31-4　基準化報表 (折線圖)

基準化動態圖表

　　點選圖 31-5 紅色箭頭處可以將目前折線圖改為動態圖表的方式呈現，不過由於動態圖表不相容於 Google 瀏覽器，因此請改用 IE 瀏覽器方可執行。動態圖表又分為三個種類，分別為「點狀動態圖」、「長條動態圖」以及「折線動態圖」，透過藍框處可以進行三種動態圖的切換。既然稱為動態圖，那就代表它能夠以動畫方式呈現，只要點擊紅框①處的播放按鍵，就能播放出在一段日期範圍中，圖表內點或線條之移動狀況。

　　除此之外，紅框②處的「Color」項目可以調整動態圖表內點與線條的顏色，甚至能夠讓資料以特定指標為基礎，根據該指標的高低狀況來調整顏色。紅框③處的「Size」可以調整動態圖表之點的大小，不過這項功能僅限於在「動態點狀圖」中使用，透過這項設定能夠讓資料以特定指標為基礎，並根據指標的數值對應至資料點大小。「Color」與「Size」的設定皆能夠幫助分析者易於辨識資料，若播放動態圖表來查看，點的顏色或是大小也會隨著時間變遷產生動態變化。最後，紅框④處「Select」用來選擇特定指標值，這時就會在

動態圖表中標記該點所對應的指標名稱，使得分析者能夠更易於辨識特定指標值的變化。此外若將藍色箭頭處的「Trails」項目勾選，被選定的指標值將會在動態圖表被播放時，出現移動軌跡。

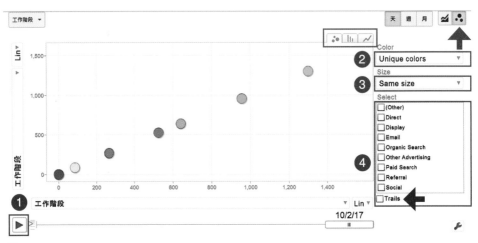

圖 31-5　**動態圖表**

　　以圖 31-6 為例，筆者示範將基準化報表中「管道」部分進行「動態點狀圖」分析。動態點狀圖在預設狀況下是以「工作階段」以及「工作階段基準變量」來鋪陳，首先將所有指標值使用「Select」標示指標名稱於圖表上，以方便辨識每一個點坐標。接著筆者使用了紅色虛線在工作階段基準變量為「0」處將圖表切割成左右兩邊，位於右半邊的管道屬於有效管道，也就是相對於其他競爭者，在自己的網站中能夠發揮成效之管道，相對而言位於左半邊的管道屬於無效管道，也就是相對其他競爭者，在自己網站中發揮成效有限的管道。

　　接著將目光集中於右半邊有效管道的部分，從中可以發現「直接」(Direct)管道的點坐標若與原點 (0, 0) 相連之後其斜率最大，這代表該管道相對於其他同產業競爭者，在自己的網站中表現最為優異。此外，可以發現在有效管道中，「自然搜尋」(Organic Search)位在 Y 軸最高點，這代表該管道在自己的網站中扮演著主要的延攬管道。了解以上觀念後，當動態報表隨著時間而改變時，分析者就能夠自行判定各管道角色上的變化了。

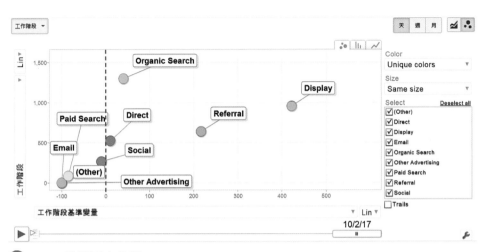

圖31-6　動態圖表分析

基準化管道列表

　　再來看到基準化報表中「管道」的列表部分，如圖 31-7 所示。此列表由主要維度「預設管道分組」以及「客戶開發」類別指標、「行為」類別指標所組成。任何一個主要維度所對應到的任何一項指標就會形成一個方格，而每一個方格內都包含了該指標在特定日期範圍中的變化幅度。以框線處為例，這一格中說明了「Social」管道在特定的日期範圍中，其工作階段是其他同產業競爭者的 114.30%，而在此數字的下方也標記著詳細資訊「205,452 與 95,870」，其中前者的數值代表自己網站目前的工作階段，後者的數值代表同產業競爭者目前平均的工作階段，很明顯的該延攬管道在自己的網站中相對成效良好。在這種情形下，方格內會出現一個箭頭向上的綠色箭頭，且背景色呈現綠色，除此之外，背景色還會依據該指標良好的程度而有深淺之分。因此從這張列表中可以清楚得知，各項管道在各個指標中與其他競爭者比較之後的成果。另外，點擊紅色箭頭處可以隱藏方格中的詳細資訊，使其僅顯示比較百分比。點擊綠色箭頭處可以隱藏方格內背景色的變化，以上微小設定皆可由分析者自由調整。

主要維度： Default Channel Grouping (預設管道分組)

Default Channel Grouping (預設管道分組)	客戶開發			行為		
	工作階段 ↓	% 新工作階段	新使用者	單次工作階段頁數	平均工作階段時間長度	跳出率
	10.17% ▼ 1,028,380 與 1,144,807	31.37% ▲ 75.07% 與 57.15%	18.01% ▲ 772,034 與 654,201	7.14% ▲ 4.23 與 4.56	11.22% ▼ 00:02:31 與 00:02:50	3.66% ▼ 48.04% 與 46.35%
1. Social	114.30% ▲ 205,452 與 95,870	49.61% ▲ 92.44% 與 61.79%	220.62% ▲ 189,924 與 59,237	-53.26% ▼ 1.85 與 3.96	-65.52% ▼ 00:00:44 與 00:02:07	33.09% ▲ 64.27% 與 48.29%
2. Referral	101.40% ▲ 151,062 與 75,006	-1.76% ▼ 47.00% 與 47.84%	97.86% ▲ 70,993 與 35,880	55.13% ▲ 7.43 與 4.79	36.64% ▲ 00:04:37 與 00:03:22	-48.88% ▼ 22.83% 與 44.67%
3. Organic Search	23.90% ▲ 428,904 與 346,170	23.39% ▲ 79.27% 與 64.25%	52.88% ▲ 340,005 與 222,398	-14.50% ▼ 4.13 與 4.83	-20.28% ▼ 00:02:28 與 00:03:05	9.56% ▲ 48.63% 與 44.39%

圖 31-7　基準化報表 (管道列表)

基準化地區列表

　　圖 31-8 為基準化報表的地區部分，與管道列表相比主要維度改為「國家／地區」。從這張列表中可以得知自己的網站與同產業競爭網站相比之下，各國訪客的延攬情形以及瀏覽行為之評比。從報表中的三筆資料可知，在特定日期範圍內自己網站中的美國及泰國訪客相對高，且相對於同產業競爭者網站有較佳的延攬能力，不過卻在瀏覽行為的部分發現，雖然能夠延攬眾多泰國新使用者進入網站，他們卻未必能被留住，例如：平均工作階段時間長度這項指標相對於其他競爭者竟落後了 72.01%，也就是訪客慰留的部分還有待加強。因此總結以上，該網站對於泰國訪客而言，是一個延攬成功但慰留失敗的例子。

主要維度： 國家/地區

國家/地區	客戶開發			行為		
	工作階段 ↓	% 新工作階段	新使用者	單次工作階段頁數	平均工作階段時間長度	跳出率
	46.70% ▼ 1,028,380 與 1,929,509	27.66% ▼ 75.07% 與 58.81%	31.96% ▼ 772,034 與 1,134,696	9.52% ▼ 4.23 與 4.68	17.82% ▼ 00:02:31 與 00:03:04	3.27% ▼ 48.04% 與 46.52%
1. United States	215.99% ▲ 461,401 與 146,019	-0.62% ▼ 63.65% 與 64.05%	214.02% ▲ 293,703 與 93,529	44.17% ▲ 5.96 與 4.13	32.83% ▲ 00:03:34 與 00:02:41	-28.42% ▼ 34.29% 與 47.91%
2. Thailand	129.15% ▲ 21,169 與 9,238	53.75% ▲ 92.75% 與 60.33%	252.32% ▲ 19,635 與 5,573	-47.98% ▼ 1.90 與 3.66	-72.01% ▼ 00:00:45 與 00:02:39	15.31% ▲ 63.29% 與 54.88%
3. India	54.57% ▲ 55,741 與 36,061	28.81% ▲ 87.60% 與 68.01%	99.11% ▲ 48,831 與 24,525	-26.02% ▼ 2.66 與 3.59	-39.38% ▼ 00:01:36 與 00:02:39	14.51% ▲ 58.81% 與 51.36%

圖 31-8　基準化報表 (地區列表)

基準化裝置列表

圖 31-9 為基準化報表的裝置部分，此處主要維度改為「裝置類別」來呈現。從這張列表中可以得知不同裝置類別分別在訪客延攬以及瀏覽行為中的狀況。從報表中的三筆流量可知，自己網站與同產業競爭網站相比之下，桌機 (desktop) 的延攬成果佳，但是平板電腦 (tablet) 以及行動裝置 (mobile) 的延攬成果其實更好。這個分析結果該從何斷定呢？雖然平板電腦以及行動裝置在「工作階段」以及「新使用者」這兩個指標中相對不高，不過它們在「% 新工作階段」這項指標中卻表現優異，這代表工作階段相對低落是受到舊使用者所影響，而新使用者相對低落是由於目前該網站正處於擴張階段，因此基數不夠。再來看到瀏覽行為的部分，從畫面中可以發現不管是桌機、平板電腦或是行動裝置，皆明顯落後於同產業競爭網站，這代表此網站訪客慰留的能力仍待加強。

主要維度： 裝置類別						
	客戶開發			行為		
裝置類別	工作階段	% 新工作階段	新使用者	單次工作階段頁數	平均工作階段時間長度	跳出率
	20.70% ⬆ 1,028,380 與 852,037	25.96% ⬆ 75.07% 與 59.60%	52.03% ⬆ 772,034 與 507,802	8.18% ⬇ 4.23 與 4.61	13.94% ⬆ 00:02:31 與 00:02:56	4.48% ⬆ 48.04% 與 45.98%
1. desktop	125.68% ⬆ 738,715 與 327,327	22.11% ⬆ 73.53% 與 60.22%	175.57% ⬆ 543,153 與 197,102	-15.13% ⬇ 4.61 與 5.43	-26.52% ⬇ 00:02:48 與 00:03:48	9.37% ⬆ 45.28% 與 41.40%
2. tablet	-41.42% ⬇ 38,185 與 65,185	39.21% ⬆ 79.11% 與 56.83%	-18.45% ⬇ 30,207 與 37,042	-30.34% ⬇ 3.58 與 5.13	-41.15% ⬇ 00:01:54 與 00:03:15	25.91% ⬆ 55.57% 與 44.14%
3. mobile	-45.27% ⬇ 251,480 與 459,525	32.66% ⬆ 79.00% 與 59.55%	-27.40% ⬇ 198,674 與 273,658	-18.19% ⬇ 3.23 與 3.95	-20.11% ⬇ 00:01:48 與 00:02:16	11.14% ⬆ 55.02% 與 49.50%

圖 31-9　基準化報表 (裝置列表)

流程報表怎麼看？

從本章可以學到

- GA 流程報表的種類
- 流程報表的組成元素
- 各類流程報表的解讀

關於流程報表

要進行網路流量分析，最基本的方式就是將焦點集中於特定指標，觀察它並發掘出能夠影響其改變之因素，最後再去試著提升該指標的價值。例如：「離站率」這項指標勢必愈低愈好，但是在一個由無數個網頁所組成的大型網站中，分析者又該如何大海撈針得知是什麼原因造成離站率過高呢？對於一個必須面對來自世界各地不同訪客造訪的網站來說，分析者又該如何去個別了解他們瀏覽行為上的差異呢？這時候若能夠掌握訪客整體的瀏覽流程或是操作脈絡，甚至在這之前，能夠先將訪客進行分類，上述疑問將會迎刃而解。

很幸運的，GA 提供了「流程報表」。既然稱之為流程報表，代表我們可以透過它掌握到訪客瀏覽網站時的路徑。俗話說，凡走過必留下痕跡，GA 如實的將訪客造訪網站的足跡一筆一筆記錄起來，但礙於隱私權問題，只能從報表得知，整體訪客的瀏覽方向以及趨勢。因此分析者透過它可以從中得知訪客通常第一個與網站接觸的頁面是哪一個，訪客通常瀏覽到哪一個頁面就離開了網站，訪客通常進入哪一個網頁後就又會被哪一個連結所吸引，每當這些訪客行為脈絡都能夠被掌握，那麼分析者就更能夠站在訪客的角度去思考如何提升網站瀏覽品質。

哪裡可以找到流程報表？

流程報表分散於 GA 平台各處，我們可以先在 GA 平台左上角的搜尋框輸入「流程」二字，接著就會出現一系列與流程相關的報表位置 (如圖 32-1 所示)。分析者分別可以在「行為 → 行為流程」、「目標對象 → 使用者流程」、「行為 → 事件 → 事件流程」、「轉換 → 目標 → 目標流程」、「客戶開發 → 社交 → 使用者流程」等五個地方取得流程報表。

圖 32-1 取得使用者流程報表

流程報表怎麼使用？

以「目標對象 → 使用者流程」報表為例 (如圖 32-2 所示)，框線①處可以調整日期範圍，而資料量將隨之改變。框線②處可以調整分類依據，在此報表中預設值為「國家／地區」，代表在鋪陳訪客瀏覽行為之前，先以國家/地區進行流量分類，若將其下拉式箭頭展開，裡頭還有其他維度可以選擇。框線③處開始描述訪客行為流程，由左至右分別為起始網頁、最初互動以及第二次互

動，由於受限於截圖畫面之大小，這份報表其實還能夠向右邊持續延伸至第三次互動、第四次互動等，分析者可以透過拖曳游標來查看。其中「起始網頁」指的就是訪客接觸側錄網站時進入的第一個頁面，「最初互動」就是訪客透過第一個頁面中的站內連結所進入的第二個頁面，而「第二次互動」就是訪客透過第二個頁面中的站內連結進入的第三個頁面，以此類推。

框線④處可以透過「＋」和「－」符號調整報表大小，也可以透過「＜」和「＞」符號左右移動報表。接著看到紅色箭頭所指示的綠色區塊，在每一個網頁下方都會跟隨著像這樣的綠色區塊，區塊大小會隨著流量多寡而改變，例如：「/home」代表側錄網站的主頁面，它的綠色區塊相當大，這代表通過主頁面的流量也非常多。再來看到藍色箭頭所指示的紅色區塊，它代表從該網頁離開的訪客數量，區塊大小也會隨著流量多寡而變化，若紅色區塊愈大，代表從該網頁離開網站的訪客愈多。最後看到藍框處，這每一條像是水流一般的線條代表訪客參訪網站的方向，線條愈粗代表愈多訪客往那個方向走。

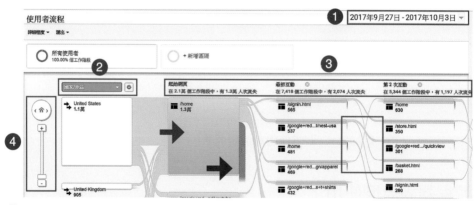

圖 32-2　使用者流程報表 (1)

將游標移動至任何一個網頁下方的綠色部分即會產生一個小型視窗，如圖 32-3 框線處所示。從這個小型視窗中可以得知該頁面有多少流量通過，且又有多少流量就此流失。以圖 32-3 為例，「/home」頁面總共有 4,011 個通過流量，表示這些工作階段在造訪完「/home」頁面後又繼續造訪了側錄網站的其

他網頁，然而卻有 9,041 次的離站，這代表這些工作階段皆造訪「/home」頁面過後便離開了側錄網站。將通過流量以及離站流量相加之後，即是所有進入「/home」頁面的總工作階段 1.3 萬。

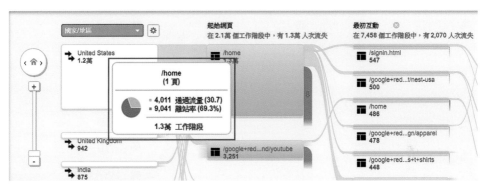

（圖）32-3　使用者流程報表 (2)

　　將游標移動至任何一個網頁下方的綠色部分並且點擊一下滑鼠，這時會出現三個選擇項目，分別是「突顯途經此處的流量」、「查看途經此處的流量」以及「群組詳情」，如圖 32-4 框線處所示。

（圖）32-4　使用者流程報表 (3)

　　若點選「突顯途經此處的流量」的項目即會出現如圖 32-5 的畫面。GA 會將所有經過「/home」頁面的流量加深顏色，幫助分析者能夠清楚辨識工作階

段主要是由哪一個分類支配進入「/home」頁面，並且還能了解經過「/home」頁面以後的工作階段走向。

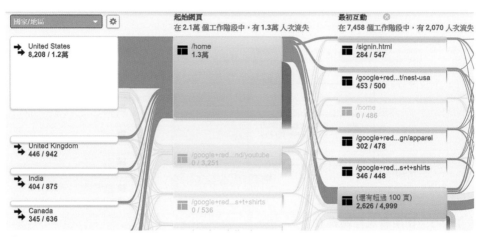

圖 32-5　使用者流程報表 (4)

若點選「查看途經此處的流量」，會出現如圖 32-6 的畫面。GA 會將所有經過「/home」頁面的流量區隔出來，並以「/home」頁面做為基準的「步驟0」。因此分析者可以點擊框線處的「+步驟」，顯示那些非一開始就直接進入「/home」頁面的工作階段，藉此觀察這些工作階段在進入「/home」頁面時是經由哪些頁面所引導進入。

圖 32-6　使用者流程報表 (5)

　　圖 32-4 若點選「群組詳情」，會跳出另一個小型視窗，如圖 32-7 所示。框線處可以切換查看項目，分別有「熱門網頁」、「流量明細」、「入站流量」以及「出站流量」四個項目。其中「入站流量」被反白的原因是由於圖 32-7 示範是在步驟 0 的頁面上操作，因此沒有入站流量。另外，流量明細是指工作階段分類的結果，透過這個小型視窗可以了解不同分類狀況下的流量表現。

/home (1 網頁)			✕
1.3萬 工作階段	00:00:47 群組平均停留時間		9,041離站
流量明細 ▼		工作階段	% 的流量
熱門網頁		8,208	62.9%
流量明細		446	3.42%
入站流量		404	3.10%
出站流量			
Canada		345	2.64%
Brazil		302	2.31%
...		3,347	25.6%

圖 32-7　使用者流程報表 (6)

　　在此報表中除了可以將工作階段先行分類以外，還可以進行區隔，透過這項功能分析者就可以自由改變區隔的維度值以及數量。首先在圖 32-8 點擊紅框處的設定圖案，這時即會出一個小型視窗。其中藍框①處可以更改維度，選取好維度之後點選藍框②處「+新增項目」自行定義維度值，GA 規定數量上限為 5 個。在新增項目的過程中需要填入「比對類型」、「運算式」以及「名稱」，不過這裡的翻譯容易令人誤解，比對類型實際上應該要改寫為運算式較

為合理，它代表的是「等於」、「開頭為」等描述維度值的方式，而運算式應該要改寫為維度值較為合理，至於名稱的設定將會呈現在使用者行為流程中，例如：在名稱設定中輸入「印度」，這時綠框處就會出現「印度」取代原本的「India」，如此一來能夠方便分析者做辨識。

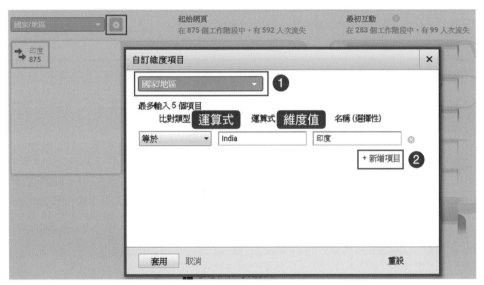

圖 32-8　使用者流程區隔

不同流程報表間的差異

「行為 → 行為流程」、「目標對象 → 使用者流程」、「行為 → 事件 → 事件流程」、「轉換 → 目標 → 目標流程」、「客戶開發 → 社交 → 使用者流程」，我們可以在以上這些地方使用流程報表，它們用途雖然都是用來了解訪客行為整體脈絡，不過在使用上，我們還是可以做出區別。例如：「目標對象 → 使用者流程」和「客戶開發 → 社交 → 使用者流程」，這兩個流程報表雖然都名為使用者流程報表，但它們的使用時機卻截然不同。先從圖 32-9 的「目標對象 → 使用者流程」講起，這份報表是以所有工作階段做為基數後再開始進行分類，最後才將流量依照走向分流。如圖 32-9 所示，預設值是「國家／地區」，也就是使用整個母體的工作階段去做分類。

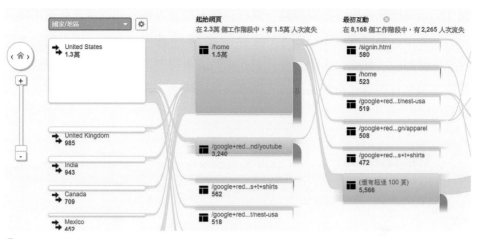

圖 32-9 「目標對象 → 使用者流程」報表 (1)

因此若將維度改為「社交網路」後，它同樣會以整個母體的工作階段去做分類，如圖 32-10 所示，只不過這時未經過任何社交網路即直接進入側錄網站的工作階段，會被歸類為「not set」。

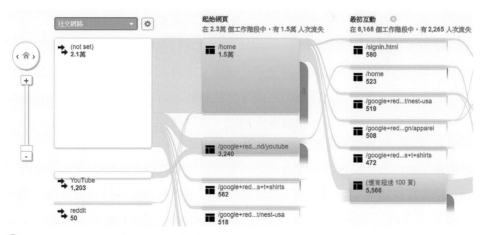

圖 32-10 「目標對象 → 使用者流程」報表 (2)

再來看到圖 32-11 的「客戶開發 → 社交 → 使用者流程」報表，它在預設狀況下是以「社交網路」進行分類，不過我們可以從圖中明顯得知，雖然它與

圖 32-10 同樣都是以「社交網路」進行分類,但流程報表的樣貌卻截然不同。
原因其實很容易理解,因為「客戶開發 → 社交 → 使用者流程」這份報表本身
就是被歸類在「社交」當中,就代表此處的流量皆已經通過第一層的過濾,它
們皆必須是有經過社交網路再進入側錄網站的流量,最後才接受流程報表的分
流。

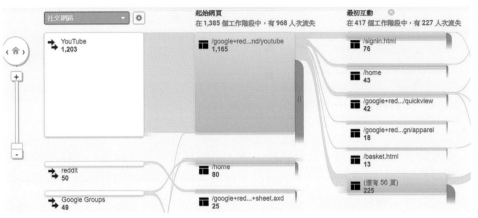

圖 32-11　「客戶開發 → 社交 → 使用者流程」報表

　　接下來談到「行為 → 事件 → 事件流程」這份報表,如圖 32-12 所示。從
畫面中可以得知流程的樣式不再是以「網址」來表示,而是「事件」。原本於
網址底下的綠色區塊在此報表中也改成藍色區塊,若將游標移動至藍色區塊即
可顯示該事件的詳細資訊,包含事件類別、事件動作以及活動標籤。由於事件
的定義為不切換頁面的點擊動作,訪客在同一個頁面中也許能夠發生不只一次
的事件,藉由事件流程這份報表,分析者可以不再受限於以網址來表示流程,
而可以直接以事件來表示流程。也就是說,從這份報表中分析者可以得知訪客
在觸發 A 事件後又接連觸發了 B 事件的行為脈絡,因此若欲查看有關於一連
串訪客點擊行為的流程,請參考此報表。

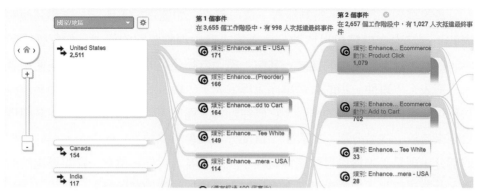

圖 32-12　「行為 → 事件 →事件流程」報表

　　接下來談到「轉換 →目標 → 目標流程」這份報表，如圖 32-13 所示。從畫面中可以得知流程的樣式是以「目標」來表示，整個流程的規則都已在建立目標時就設定完成。例如：我們可以假設購買一項產品必須經過「加入購物車」、「付款」、「完成結帳」這三個環節，此時在建立目標的過程開啟「程序」功能鋪陳以上三個環節後，即可透過目標流程報表了解訪客在這三個環節中產生的行為。若分析者 GA 帳戶中擁有多個目標，可以透過框線處切換不同目標。綜合以上敘述，這份報表主要用於觀察目標流程中訪客的行為脈絡。

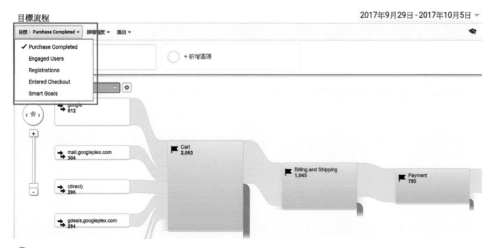

圖 32-13　「轉換 → 目標 → 目標流程」報表

最後談到「行為 → 行為流程」這份報表，如圖 32-14 所示，它與其他報表的不同之處在於它可以依據分析者需求自由調整流程的樣式。如框線處所示，此處可以調整流程的樣式，其中「經過自動分組的網頁」指的就是使用者流程報表，「事件」指的就是事件流程報表，「網頁和事件」就是使用者流程報表以及事件流程報表的結合，它們在行為流程報表中皆為預設值，而其餘項目則來自於「內容分組」的設定，這部分可以參考祕訣 23. 的內容。至於目標的部分，則是必須透過目標流程報表才能夠查看。另外，還有一點需要提醒的是，行為流程報表中的數據都是直接採用母體工作階段來計算。

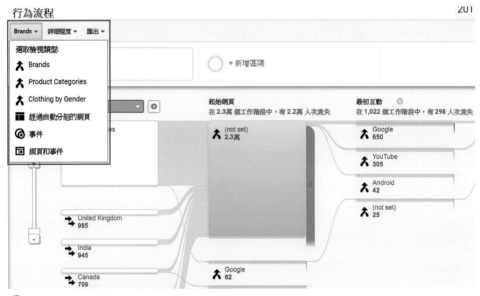

圖32-14 「行為 → 行為流程」報表

not set?

- 目標對象報表中的 not set
- 行為報表中的 not set
- 轉換報表中的 not set

關於 not set

　　not set 在 GA 報表中常會出現，雖然知道它代表的就是「未設置」之意，那到底是因為這些資料原本就無法被 GA 記錄，還是因為分析者在操作上有所遺漏呢？現在就邀請各位讀者來一解 not set 之謎。以下會分別從「目標對象」、「客戶開發」、「行為」以及「轉換」的報表中各舉幾個例子來說明。

「目標對象」報表中的 not set

　　一般在目標對象報表中的 not set 是無法控制的，此報表主要用來記錄訪客特徵，包含了訪客的年紀、性別、興趣等資料。會出現 not set 的原因是源自於客戶端的設定，他們可能在自己的電腦上停用了特定 Cookie，又或是他們使用了無痕模式瀏覽側錄網站，這些都讓訪客特徵在流量資料傳遞上備受阻礙，因此導致 GA 無從得知而顯示了「not set」。圖 33-1 是目標對象中的地區報表，取得位置如紅框處所示，雖然藍框處的 not set 流量看似位居第三名，不過與整體流量相比仍屬於少數，僅占據了 2.67%。一般而言，若 not set 在目標對象報表中所占據的比例不高，可直接將其視為可忽略的分析結果誤差。

圖 33-1　地區報表

　　再來看到圖 33-2，目標對象中的行動裝置報表，報表取得位置如紅框處所示。從藍框處可以發現 not set 流量位居第二名，擁有看似不少的 1,015 筆工作階段。會產生這種情形最主要的原因是遇到沒有品牌的手機所導致，也就是俗稱的「白牌機」，GA 在面對這類型的行動裝置時，並無法辨識它的機型，甚至對於一些就算有品牌的手機，也會因為機型罕見，無法被 GA 記錄而顯示 not set。

圖 33-2　行動裝置報表

「客戶開發」報表中的 not set

在客戶開發的報表中，最主要的就是關於客戶來源以及媒介的流量，在這個部分中通常並不會出現 not set 的情形，一旦有 not set 產生，有很大的可能性是由於操作上的失誤所造成或者是垃圾流量所引起。如圖 33-3 所示，這是客戶開發中的來源/媒介報表，取得位置如紅框處所示。從藍框處可以得知出現了 (not set)／(not set) 的流量，而且在全部 52 筆的流量中僅有 2 個新使用者。像這樣重複不斷的在短時間內造訪的流量，很有可能是垃圾流量，遇到這種狀況，只要透過篩選器將其排除即可。至於前面所提及的操作失誤最常發生在自訂來源及自訂媒介的過程，它是分別透過 utm_source 及 utm_medium 兩個參數進行記錄，若在來源／媒介的報表中出現 not set 情形，建議回頭檢視是否為「source」或「medium」參數拼字錯誤 (非數值本身) 所造成。

		客戶開發		
	來源/媒介 ?	使用者 ↓ ?	新使用者 ?	工作階段 ?
		90 % 總計: 0.01% (783,952)	25 % 總計: 0.00% (775,564)	121 % 總計: 0.01% (1,035,020)
1.	(not set) / (not set)	52 (57.14%)	2 (8.00%)	67 (55.37%)
2.	google / (not set)	32 (35.16%)	17 (68.00%)	44 (36.36%)
3.	Partners / (not set)	6 (6.59%)	6 (24.00%)	8 (6.61%)

左側選單：客戶開發／總覽／所有流量／管道／樹狀圖／來源/媒介／參照連結網址／AdWords／Search Console

圖33-3　來源／媒介報表

「行為」報表中的 not set

在行為報表中，最主要探討的就是訪客在側錄網站中的行為操作，包含了網頁瀏覽、離開頁面、到達頁面的捕捉或是事件追蹤，都可以在行為報表中

查看。行為報表與客戶開發報表具有相同性質，它們通常都不容易出現 not set 流量，一旦出現 not set，有很大的原因是由於分析者的操作失誤所引起。

如圖 33-4 所示，這是行為中的到達網頁報表，取得位置如紅框處所示。從畫面中藍框處可以看到報表出現了 not set 的情形，不過這卻是一個合理狀況。在前幾章的內容曾經提過「工作階段」這項指標在預設狀況下為 30 分鐘，一旦在側錄網站中停留且未發生互動行為超過 30 分鐘，就會產生工作階段逾時，此時 GA 會記錄第二次的工作階段。

圖 33-4　到達網頁報表

現在假設一個情境，某訪客進入一個網頁並且不進行任何動作直到發生工作階段逾時，這時該名訪客觸發了一個事件，而這個動作將使得第二次工作階段的到達頁面被記錄為「not set」。各位讀者回想一下自己在上網的時候是否曾經將一個網頁打開後就擱置在旁，一段時間過後才回到那個網頁並且直接觸發該網頁上的影片或是按鈕呢？not set 流量就是如此產生的。

若要解決以上問題，分析者可以增加工作階段逾時長度的設定，使它不要在短時間內就產生工作階段逾時，也就可以減少 not set 流量產生。除了以上的可能性以外，還必須確認在 GATC 的嵌入中，瀏覽量 (pageview) 的讀取是否確實在事件追蹤之前，因為在瀏覽量的讀取之前若有其他項目被讀取時，到達網頁的報表中就會出現 not set 流量。

　　如圖 33-5 所示，這是行為中的網頁標題報表，取得位置如紅框處所示。網頁標題出現 not set 流量如藍框處所示，確實是由於未設置網頁標題所導致而非 GA 無法讀取的問題。若未設置網頁標題，則會影響分析者讀取報表的辨識能力，甚至還會影響該網頁 SEO 的成效。除此之外還有另外一個可能會造成網頁標題出現 not set 流量的原因，那就是 GATC 嵌入位置錯誤，分析者可以回頭檢視 GATC 是否確實嵌入在 <title>…</title> 標籤之後。

圖 33-5　網頁標題報表

「轉換」報表中的 not set

　　如圖 33-6 所示，這是轉換中的反轉目標路徑報表，取得位置如紅框處所示。這份報表將會呈現所有的目標達成狀況，並且會將每一個目標達成所經歷的步驟都獨立表示。從藍框處可以發現有不少的 not set 流量產生，這是由於每個訪客並不一定在完成最終目標之前，都會依照分析者預設的目標路徑進行。以圖 33-6 的第一筆流量為例，它代表訪客直接進入「/home」頁面並達成目標，而不需要再經過第二步驟以及第三步驟，這也意味著若出現 not set 流量，實際上指的就是沒有流量，相當於 N/A 的意思。

	目標達成位置 ⑦	目標必經步驟 - 1 ⑦	目標必經步驟 - 2 ⑦	目標必經步驟 - 3 ⑦
1.	/home	(entrance)	(not set)	(not set)
2.	/registersuccess.html	(entrance)	(not set)	(not set)
3.	/yourinfo.html	(entrance)	(not set)	(not set)

搜尋報表和說明

轉換

▼ 目標

　總覽

　目標網址

　反轉目標路徑

圖 33-6　反轉目標路徑報表

　　再來看到轉換中的產品優待券報表如圖 33-7，取得位置如紅框處所示。藍框處的 not set 流量屬於正常狀態，因為並非每位訪客在購買商品時都會使用產品優待券，或者也不一定在購買每項產品時都可以使用產品優待券，只有在設置產品資訊時，有將產品優待券資訊也設定於其中，這裡才會出現對應的產品優待券流量，否則一律被視為 not set 流量。此外，位於產品優待券報表上方的「訂單優待券」報表也具相同概念。

圖 33-7　產品優待券報表

not provided?

關於 not provided

在 GA 報表中除了會遭受 not set 流量困擾以外，還有可能遇到 not provided 的流量。not provided 流量常常出現於 GA 隨機搜尋的關鍵字報表中，這是由於訪客在進行關鍵字搜尋時受到了安全資料傳輸層 (SSL) 的保護，也就是當訪客在登錄 Google 帳戶的情況下所衍生出的關鍵字搜索行為，皆會受到隱私保護。不過在近幾年來，不管訪客是否有登錄 Google 帳戶，都同樣會受到安全資料傳輸層的加密保護。

如圖 34-1 所示，這是客戶開發中的隨機關鍵字報表，取得位置如紅框處所示。此報表的分析重點在於捕捉訪客進入側錄網站前在搜尋引擎上輸入的關鍵字。從藍框處可以得知，not provided 流量位居第一位，且占有 95.69% 的流量，這樣一來，這份報表還具有參考價值嗎？

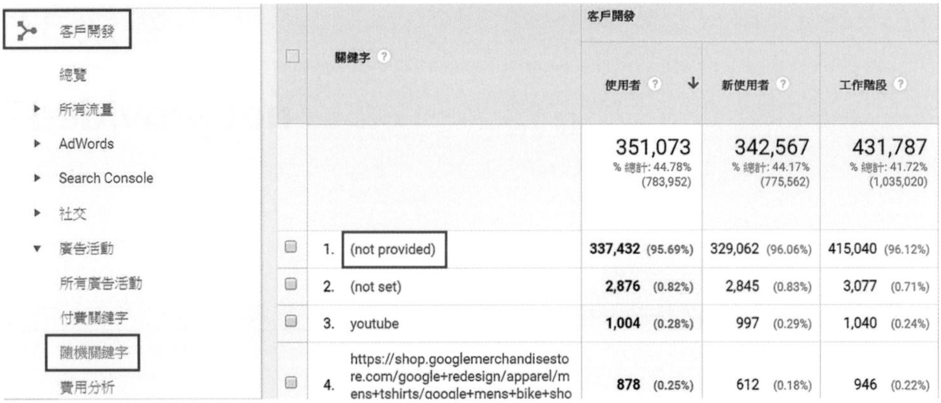

圖 34-1　隨機關鍵字報表 (1)

　　如圖 34-2 所示，將次要維度設定為「瀏覽器」之後，從畫面中可以看到不管是透過哪一種瀏覽器操作關鍵字搜尋，都會受到 Google 隱私的保護，使得 GA 無法取得關鍵字流量。

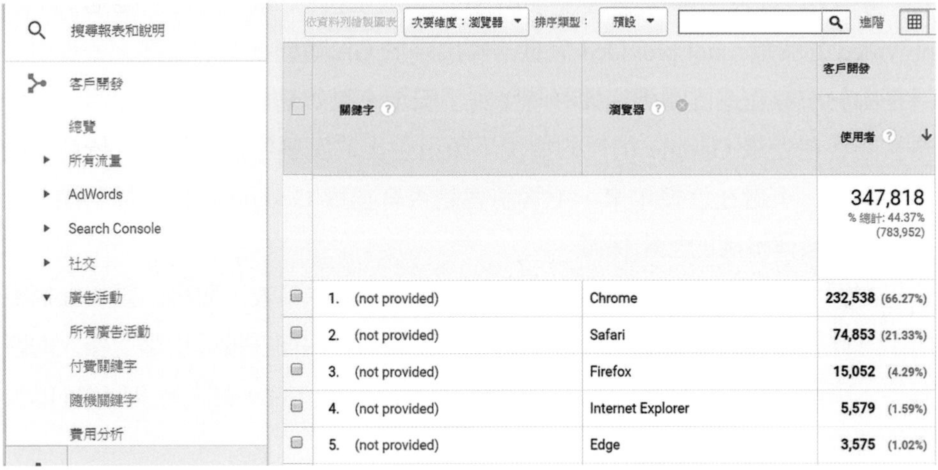

圖 34-2　隨機關鍵字報表 (2)

解決 not provided 問題

這時候我們可以使用另外一項工具「Google Search Console」網站管理工具，來彌補 Google Analytics 對於關鍵字出現 not provided 流量的不足。Google Search Console 以及 Google Analytics 是兩種不同的工具，雖然兩者都是用來記錄訪客進入網站前所搜尋的關鍵字，不過前者是透過 Google 蒐集，後者是透過側錄網站自行蒐集。接下來筆者將把這兩項工具進行整合，使兩邊的資訊都能夠同時於 GA 平台中查看，操作方式如下：

首先進入 GA 管理員，點選資源層下的「所有產品」，如圖 34-3 框線處所示。

 34-3　連結網站管理工具 (1)

找到「Search Console」網站管理工具後，點選「連結 Search Console」，如圖 34-4 框線處所示。

Search Console

Search Console 可分析使用者如何透過 Google 搜尋發現您的網站。連結這項工具後，您可以找出讓網站吸引更多目光的方式，據此決定開發工作的優先順序。

進一步瞭解 Search Console，以及如何連結 Google Analytics (分析) 和 Search Console。

連結 Search Console

圖 34-4　連結網站管理工具 (2)

出現 Search Console 設定畫面後如圖 34-5 所示，此時點選框線處的「新增」。

圖34-5　連結網站管理工具 (3)

畫面這時會被引導至 Search Console 網頁，如圖 34-6 所示。由於是首次操作，因此請點擊框線處的「將網站加入 Search Console」以新增一個 Search Console 帳戶。

圖34-6　連結網站管理工具 (4)

這時會出現一個設定的提示畫面如圖 34-7 所示，點選框線處的「確定」即可。

圖34-7　連結網站管理工具 (5)

接著進入一個新的頁面，如圖 34-8 所示，即可開始設定 Search Console。
首先，紅框①處選擇側錄對象的類別，有「Android 應用程式」以及「網站」
兩個選項，在此請選擇網站，並且在紅框②處的空白內填入側錄網站的網址。
最後再點選藍框處的「新增內容」。

圖 34-8　連結網站管理工具 (6)

此時需要進行身分驗證，向 Google 證實自己具有該網站的編輯權限，如
圖 34-9 所示。本例以下載框線①處的 HTML 驗證檔為主要驗證方式，並將其
上傳至側錄網站的根目錄。接著點選框線②處進行人機身分驗證後，點選框線
③處的驗證，完成設定。

圖 34-9　連結網站管理工具 (7)

回到 GA 報表，並點選客戶開發中的查詢報表，取得位置如圖 34-10 紅框處所示，接著請點選藍框處的「設定 Search Console 資料共用」。

圖 34-10　連結網站管理工具 (8)

此時畫面將被切換至 GA 的資源設定，如圖 34-11 所示。接著，點選框線處的「調整 Search Console」。

Search Console

調整 Search Console

使用者分析

在報表中啟用使用者指標
在標準報表中加入使用者指標，並更新您的使用者指標計算方式。

停用

儲存　　取消

圖 34-11　連結網站管理工具 (9)

再次出現 Search Console 設定畫面 (如圖 34-12 所示)，此時請點選框線處的「新增」，然後選取圖 34-13 紅框處已設定好的 Search Console 網站，接著點選藍框處的「儲存」，此時會再次出現提示畫面 (如圖 34-14 所示)，點選框線處的「確定」即可。

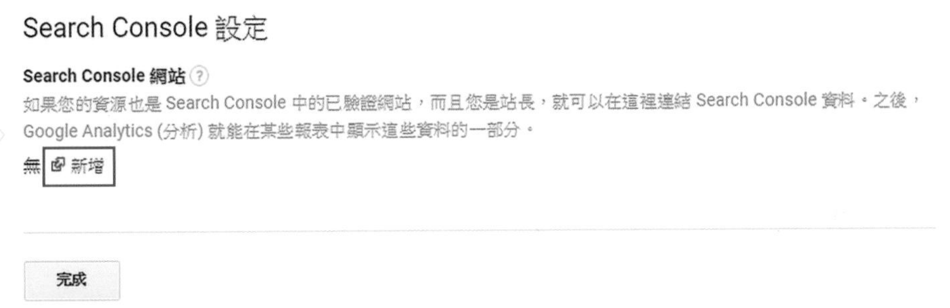

Search Console 設定

Search Console 網站 ⑦
如果您的資源也是 Search Console 中的已驗證網站，而且您是站長，就可以在這裡連結 Search Console 資料。之後，
Google Analytics (分析) 就能在某些報表中顯示這些資料的一部分。

無 🔲 新增

完成

圖 34-12 連結網站管理工具 (10)

Search Console   說明 ▾

在 Google Analytics (分析) 中啟用 Search Console 資料

將 Google Analytics (分析) 網站資源與 Search Console 網站建立關聯後，您不僅可以在 Google Analytics (分析) 報告中查看 Search Console 資料，也可以將 Search Console
直接連結到 Google Analytics (分析) 中相關聯的報告。

網站資源：我的網站

連結的網站：這個網站並未與您「Google Analytics (分析)」帳戶中的任何網站資源建立連結。

Search Console 網站	相關聯的 Analytics (分析) 網站資源
◉ http://myweb.scu.edu.tw/~04170121/	這個網站並未與您「Google Analytics (分析)」帳戶中的任何網站資源建立連結。

儲存

如果您將 Search Console 帳戶中的網站與 Google Analytics (分析) 網站資源建立關聯，系統在預設狀態下會針對與該網站資源相關聯的所有設定檔啟用 Search Console 資
料。因此，任何可以存取該項 Google Analytics (分析) 資源的使用者都可以查看該網站的 Search Console 資料。 瞭解詳情

取消   將網站加入 Search Console

圖 34-13 連結網站管理工具 (11)

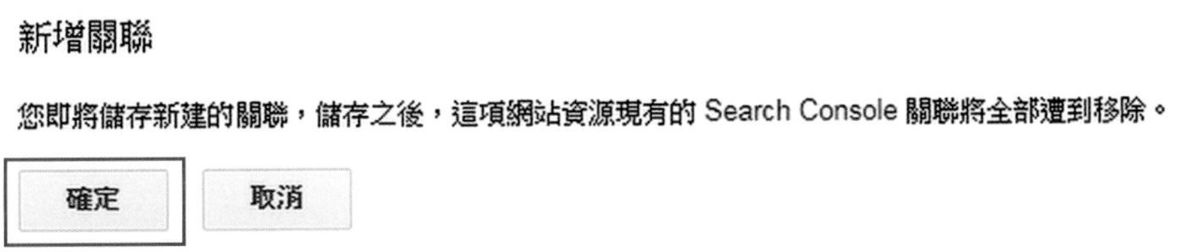

新增關聯

您即將儲存新建的關聯，儲存之後，這項網站資源現有的 Search Console 關聯將全部遭到移除。

確定   取消

圖 34-14 連結網站管理工具 (12)

若上述步驟皆成功執行，系統畫面會切換至 Search Console 頁面，如圖 34-15 所示，從框線處可以得知該 Search Console 帳戶已成功與 GA 帳戶綁定。

圖 34-15　連結網站管理工具 (13)

再度回到 GA 客戶開發內的 Search Console 查詢報表，取得位置如圖 34-16 框線處所示。畫面中已開通「查詢」報表的功能，流量會在未來的 48 小時內匯入。完成 Google Search Console 以及 Google Analytics 的連結後，即可在此報表中查看所有訪客查找關鍵字的線索，而無須再受限於 not provided 流量。

圖 34-16　連結網站管理工具 (14)

5 外部整合篇

在完成 GA 運作釐清、GA 名詞比較、GA 功能操作以及 GA 報表解讀的學習之後，相信各位讀者只要再多加累積 GA 使用經驗，就能夠對 GA 得心應手。除此之外，在「外部整合篇」中，筆者要帶領各位讀者跳脫 GA 平台，分別使用 R、Python 兩項熱門的資料分析語言，以及 Google Data Studio 視覺化報表工具串聯 GA 資料，使 GA 資料可以在外部平台進行操作，執行更深入的資料分析。本篇內容包含：

祕訣 35. 如何透過 R 取得 GA 資料？

祕訣 36. 如何透過 Python 取得 GA 資料？

祕訣 37. 如何透過 Google Data Studio 使用 GA 資料？

如何透過 R 取得 GA 資料？

從本章可以學到

- R 語言的使用
- API 憑證的取得
- 使用 R 語言取得 GA 資料

事前準備

R 語言是一個整合統計以及繪圖的開發工具，它功能多元且具有豐富的套件可以使用，若能夠將 R 語言強大的處理功能運用在 GA 龐大的資料上，流量分析將能夠做得更深入、更專業。在讓 R 語言以及 GA 資料連結之前，我們必須先做好幾項事前準備：

1. 下載 R 語言。
2. 下載 RStudio。
3. 取得 API 憑證。

RStudio 是以 R 語言為基礎的開發環境，雖然 R 本身就有自己的開發環境，不過 RStudio 的介面較為人性化，操作上也較為方便。此外為了要讓 R 語言可以取得 GA 資料，我們必須開啟 analytics API 的使用功能，並且要取得 R 與 GA 之間的憑證，才得以把 GA 資料授權給 R 語言使用。

下載 R 語言

如圖 35-1 所示，在搜尋引擎中搜尋「R download」並且點選箭頭處的搜尋結果，進入 R 軟體官方網站。

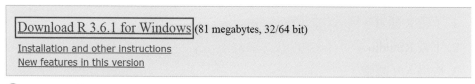 35-1　搜尋 R download

點選圖 35-2 框線處的超連結開始進行 R 軟體下載，目前版本為 R 3.6.1，下載完成後依照指示將軟體安裝。

R-3.6.1 for Windows (32/64 bit)

Download R 3.6.1 for Windows (81 megabytes, 32/64 bit)
Installation and other instructions
New features in this version

圖 35-2　下載 R 軟體

下載 RStudio

如圖 35-3 所示，在搜尋引擎中搜尋「RStudio download」並且點選框線處的搜尋結果，進入 RStudio 軟體官方網站。

圖 35-3　搜尋 RStudio download

　　進入如圖 35-4 的畫面後，可以看到多個下載項目，請點選框線處之「免費桌機版本」下載項目。

圖 35-4　選取免費桌機下載項目

進入如圖 35-5 畫面後,使用 Windows 作業系統的讀者請點選紅色箭頭處的載點,使用 Mac 作業系統的讀者請點選藍色箭頭處的載點,開始進行 RStudio 的下載,下載完成後,依照指示將軟體安裝。

Installers for Supported Platforms

Installers	Size	Date	MD5
RStudio 1.2.1335 - Windows 7+ (64-bit) ⬅	126.9 MB	2019-04-08	d0e2470f1f8ef4cd35a669aa323a2136
RStudio 1.2.1335 - macOS 10.12+ (64-bit) ⬅	121.1 MB	2019-04-08	6c570b0e2144583f7c48c284ce299eef
RStudio 1.2.1335 - Ubuntu 14/Debian 8 (64-bit)	92.2 MB	2019-04-08	c1b07d0511469abfe582919b183eee83
RStudio 1.2.1335 - Ubuntu 16 (64-bit)	99.3 MB	2019-04-08	c142d69c210257fb10d18c045fff13c7
RStudio 1.2.1335 - Ubuntu 18/Debian 10 (64-bit)	100.4 MB	2019-04-08	71a8d1990c0d97939804b46cfb0aea75

🈸35-5 　下載 RStudio

取得 API 憑證

如圖 35-6 所示,在搜尋引擎中搜尋「Google Cloud Platform」並且點選框線處的搜尋結果。

Google 　google cloud platform 　🎤 🔍

Google Cloud: Cloud Computing Services
https://cloud.google.com ▾ 翻譯這個網頁
Transform your business with Google Cloud. Build, innovate, and scale with Google Cloud Platform. Collaborate and be more productive with G Suite.

Google Cloud Platform
Google Cloud Platform 可讓您使用與Google 相同的基礎架構,建置
...

Pricing
Price List - Compute Engine - Google Cloud for Startups - ...

GCP 免費方案
Google Cloud Platform 免費方案提供免費資源,讓您能親自試用並瞭
...

開始使用Google Cloud Platform
這裡提供簡短的教學課程,協助您開始使用Cloud Platform 產品、服務 ...

🈸35-6 　搜尋 Google Cloud Platform

　　進入Google Cloud Platform之後，畫面如圖35-7所示，請先將框線處的「選取專案」下拉式選單展開。此時會出現一個彈出視窗，如圖35-8所示，請點選框線①處的「新增專案」。接續請在新增專案的畫面 (圖35-9) 編輯框線②處的「專案名稱」，完成後再點選框線「建立」。

圖 35-7　選取專案

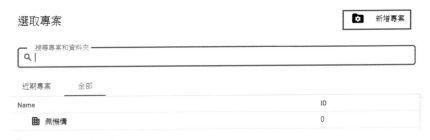

圖 35-8　新增專案

圖 35-9　編輯專案名稱

　　專案新增完成後，畫面將回到 Google Cloud Platform 首頁，此時請點選左側清單的「API 和服務」再點選「資訊主頁」，如圖 35-10 框線處所示。進入圖 35-11 的頁面後，請點選框線處的「＋啟用 API 和服務」。進入 API 涵式庫的頁面，請在搜尋框中查找「Analytics API」，如圖 35-12 所示，並點選框線處的項目。接續，請啟用該 API，如圖 35-13 框線處所示。另外在網頁下方包含許多技術文件與使用教學，若想要更進一步了解 Analytics API 的讀者可以詳加閱讀。

圖 35-10　進入資訊主頁

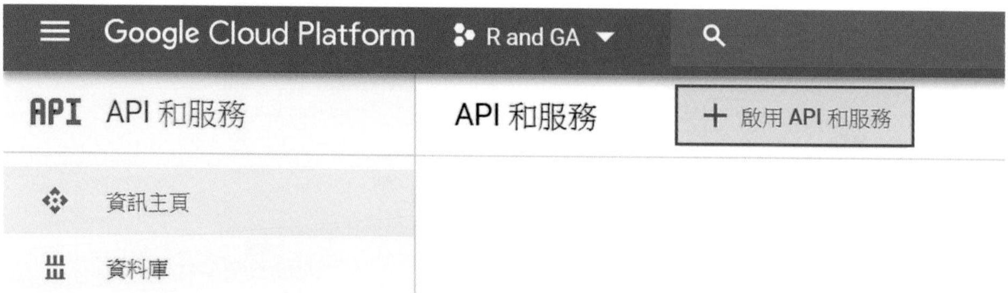

圖 35-11　啟用 API 和服務

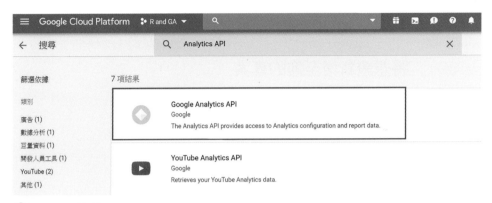

（圖）35-12　搜尋 Analytics API

（圖）35-13　啟用 Analytics API

啟用 API 之後畫面又再度回到 Google Cloud Platform 首頁，此時系統會要求建立憑證以正確使用 API，如圖 35-14 所示，因此請點選框線處的「建立憑證」。接續請依序點選「用戶端 ID」(圖 35-15 框線處) 以及「設定同意畫面」(圖 35-16 框線處)。

（圖）35-14　建立憑證

憑證

將憑證新增至您的專案

1 瞭解您所需的憑證類型

系統將協助您設定正確的憑證
您可以選擇略過這個步驟，然後繼續建立 API 金鑰、用戶端 ID 或服務帳戶

您目前使用哪個 API？
不同的 API 使用不同的驗證平台，某些憑證可能只受限於呼叫某些 API。

選擇... ▼

我需要哪些憑證？

圖 35-15　選取憑證方式

← 建立 OAuth 用戶端 ID

⚠ 您必須先在同意畫面中設定產品名稱，才能建立 OAuth 用戶端 ID　　　　　設定同意畫面

圖 35-16　設定同意畫面

　　進入 OAuth 同意畫面後，請為「應用程式名稱」的項目命名，如圖 35-17 框線處所示，完成後請點選畫面下方的「儲存」。接續，系統會要求使用者選取應用程式類型，如圖 35-18，在此請點選框線處的「其他」後，再點選頁面下方的「建立」。

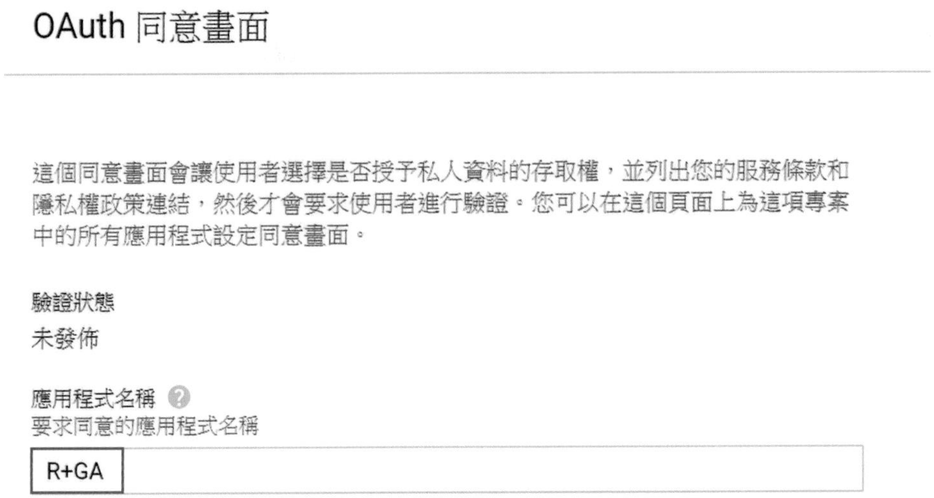

OAuth 同意畫面

這個同意畫面會讓使用者選擇是否授予私人資料的存取權，並列出您的服務條款和隱私權政策連結，然後才會要求使用者進行驗證。您可以在這個頁面上為這項專案中的所有應用程式設定同意畫面。

驗證狀態
未發佈

應用程式名稱 ❓
要求同意的應用程式名稱

R+GA

圖 35-17　設定應用程式名稱

← 建立 OAuth 用戶端 ID

如果應用程式使用 OAuth 2.0 通訊協定來呼叫 Google API，您可以使用 OAuth 2.0 用戶端 ID 來產生存取憑證。憑證中含有不重複的識別碼。請參閱設定 OAuth 2.0 瞭解詳情。

應用程式類型
○ 網路應用程式
○ Android 瞭解詳情
○ Chrome 應用程式 瞭解詳情
○ iOS 瞭解詳情
● 其他

名稱 ❓

其他用戶端 1

建立	取消

圖 35-18　選取應用程式類型

　　完成上述步驟後，此時會取得 OAuth 用戶端 ID 以及密鑰 (圖 35-19)，這兩者會在後續的 R 軟體中使用到。

OAuth 用戶端

您隨時可透過「API 和服務中的憑證」頁面存取用戶端 ID 和密鑰

ℹ 在 OAuth 同意畫面實際發佈之前，OAuth 允許的敏感範圍登入次數上限為
100 次。您可能需要進行驗證，且驗證程序需要幾天的時間才能完成。

這是您的用戶端 ID

39928558639-d03ei3da2dtaagvenil2h4qu50tmejr0.apps.googleusercontent.com 📋

您的用戶端密鑰如下

yLEFPYLMYtV1QOp_Grte1QvF 📋

確定

圖35-19　取得 OAuth 用戶端 ID 與密鑰

串接R軟體與GA資料

開啟 RStudio 軟體並依序點擊「File→New File→R Script」建立一個新的
R 編輯視窗，如圖 35-20 框線處所示。

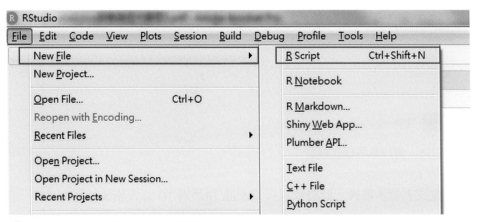
圖35-20　建立新的 RStudio 編輯畫面

開始進行 R 程式的編寫，首先請使用 install.package() 將 RGoogleAnalytics 以及 httpuv 套件安裝，並使用 library() 將兩者載入，後續方可進行使用。如圖 35-21 所示。

```
1  #安裝RGoogleAnalytics套件
2  install.packages("RGoogleAnalytics")
3  #安裝httpuv套件
4  install.packages("httpuv")
5
6  #匯入RgoogleAnalytics套件
7  library(RGoogleAnalytics)
8  #匯入httpuv套件
9  library(httpuv)
10
```

圖 35-21　R軟體程式撰寫(1)

接著，請定義 client ID 以及 client secret，將圖 35-19 所取得的 OAuth 用戶端ID與密鑰分別放入兩個變數中，如圖 35-22 所示。完成後請進行資料授權，使 R 可以成功取得 GA 資料。操作方式如圖 35-23 所示，請建立一個名為 token 的容器，使用 Auth 函式載入 client ID 與 client secret。當這行程式碼被執行以後，畫面會要求使用者登入 Google 帳戶，登入完成後會依續出現如圖 35-24 與圖 35-25 的頁面，請皆點選框線處「允許」完成帳戶授權動作。一旦帳戶授權成功，畫面會如圖 35-26 所示。

```
10
11  #定義client ID
12  client.id="39928558639-d03ei3da2dtaagvenil2h4qu5
13
14  #定義client secret
15  client.secret="yLEFPYLMYtV1QOp_Grte1QvF"
16
```

圖 35-22　R 軟體程式撰寫 (2)

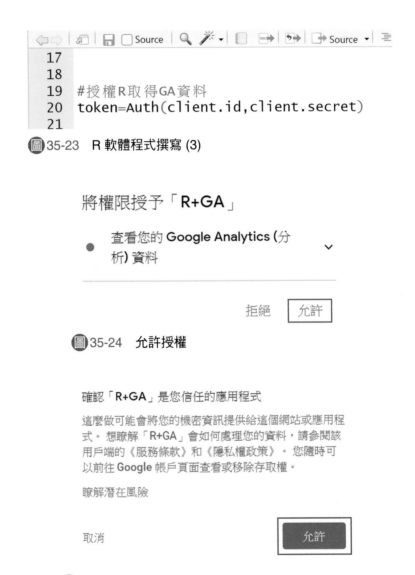

圖35-23　R 軟體程式撰寫 (3)

圖35-24　允許授權

圖35-25　處理初始化 GA 資料

Authentication complete. Please close this page and return to R.

圖35-26　授權成功頁面

取得 GA 資料

完成上述 R 軟體與 GA 資料的連結後，初始化所需的 GA 流量相關資訊並將它們存放於「query.list」變數中 (如圖 35-27 所示)，其中包含了以下幾項變數：「start.date」用來定義報表日期範圍的初始日期，「end.date」用來定義報表日期範圍的結束日期，以上兩者變數之建立格式規範皆為「西元年-月-日」。接下來「dimensions」用來選取所需的維度名稱，「metrics」則用來選取所需的指標名稱以上兩者變數之格式規範都是「ga：維度或指標名稱」，最後一個變數是「table.id」，也就是取得資料來源的資料檢視 ID，若要取得資料檢視 ID，首先進入 GA 管理員，並且點擊「資料檢視設定」即可取得，如圖 35-28。

```
23
24    #初始化目標GA報表
25    query.list<-Init(start.date='2019-08-01',
26                     end.date='2019-08-23',
27                     dimensions='ga:date',
28                     metrics='ga:pageviews',
29                     table.id='ga:104584924')
```

圖 35-27　初始化目標GA報表

圖 35-28　取得資料檢視 ID

接著請使用「QueryBuilder」函式處理初始化後的 GA 資料，並將結果儲存於「ga.query」變數中，如圖 35-29 所示。接續請使用「GetReportData」函式將 GA 資料儲存於「ga.data」，並且再使用 ga.data 指令將執行結果以數據框樣式呈現，如圖 35-30 所示。執行結果如圖 35-31 所示，從紅框處可得知 R 自 GA 中共取得了 23 筆資料，而藍框處即是透過 R 軟體取得的 GA 流量報表。以上是 R 軟體與 GA 資料連結示範，若讀者有其他種類的 GA 流量提取需求，也就是想要取得更多維度與指標資料，可參閱圖 35-32 及圖 35-33 所列舉之語法。

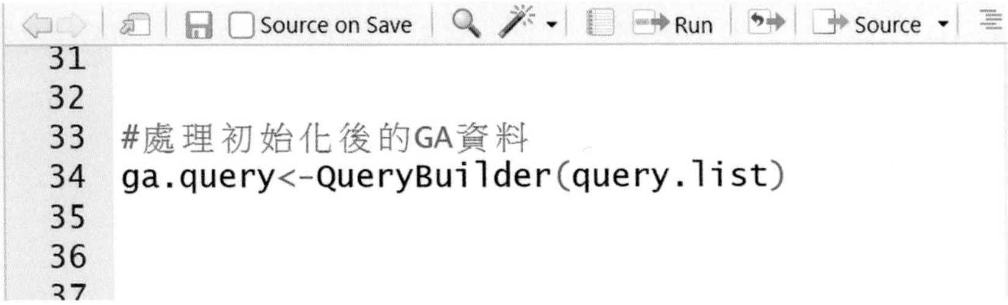

```
31
32
33   #處理初始化後的GA資料
34   ga.query<-QueryBuilder(query.list)
35
36
37
```

圖 35-29　處理初始化後 GA 資料

```
39
40
41   #使GA資料以數據框格式儲存
42   ga.data<-GetReportData(ga.query,token)
43
44   #讀取資料
45   ga.data
46
```

圖 35-30　讀取 GA 資料

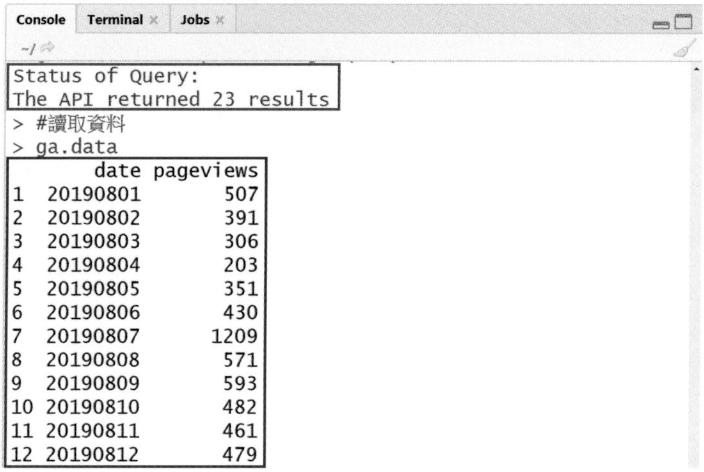

```
Console   Terminal ×   Jobs ×                              ─ □
~/
Status of Query:
The API returned 23 results
> #讀取資料
> ga.data
      date pageviews
1  20190801       507
2  20190802       391
3  20190803       306
4  20190804       203
5  20190805       351
6  20190806       430
7  20190807      1209
8  20190808       571
9  20190809       593
10 20190810       482
11 20190811       461
12 20190812       479
```

圖 35-31　取得 GA 資料

常用維度語法表

維度	R 維度語法
使用者類型	ga:userType
媒介	ga:medium
來源	ga:source
廣告活動	ga:compaign
關鍵字	ga:keyword
瀏覽器名稱	ga:browser
國家	ga:country
城市	ga:city
語言	ga:language
事件類別	ga:eventCategory
事件動作	ga:eventAction
活動標籤	ga:eventLabel
日期	ga:date

圖 35-32　常用維度語法表

常用指標語法表

指標	R 指標語法
使用者人數	ga:users
新使用者人數	ga:newUsers
% 新工作階段	ga:percentNewSessions
工作階段	ga:sessions
跳出率	ga:bounceRate
工作階段時間長度	ga:sessionDuration
瀏覽量	ga:pageviews
離開率	ga:exitRate
事件總數	ga:totalEvents
交易次數	ga:transactions
總價值	ga:totalValue

圖 35-33　常用指標語法表

如何透過 **Python** 取得 **GA** 資料？

- Python 語言的使用
- Github 文件的使用
- 使用 Python 語言取得 GA 資料

事前準備

　　Python 是一個功能強大且易上手的程式語言，在近幾年來更是非常火紅。在 2017 年 IEEE Spectrum 公布最新的程式語言熱門排行中，Python 位居程式語言之冠。Python 主要有三個用途，包含開發網頁、資料分析以及系統管理，在企業中占有不可或缺之角色。接下來要與各位讀者分享如何將 Google Analytics 的資料提取至 Python 上進行處理，不過在開始操作以前，必須先做好幾項準備：

1. 下載 Python。
2. 取得 API 憑證。
3. 下載套版文件。

　　要讓 Python 取得 GA 資料，其原理與前面操作過的 R 語言取得 GA 資料時相同，同樣是要透過 API 的方式取得 Python 與 GA 之間的憑證，如此才能夠讓 GA 資料傳遞給 Python 使用。此外，為了方便各位讀者學習以及降低程式碼的複雜度，下面的操作將引用套版範例進行說明與調整。

下載 Python

　　如圖 36-1 所示，請在瀏覽器中搜尋「python download」，並點選框線處的搜尋結果。

　　進入 Python 官方網站，如圖 36-2 所示，請在頁面上方列表中選取「Download」再點選「Python3.7.4」，此為目前最新版本的 Python，下載完成後並將其安裝。

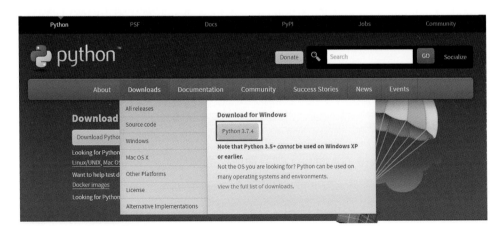

圖 36-2　下載 Python

取得 API 憑證

接著，將畫面移轉至Google Cloud Platform，建立一個新的專案後 (專案建立方式，請參考秘訣35)，前往API程式庫，如圖36-3所示。

(圖)36-3　前往 API 程式庫

請在搜尋框中查找「Google Analytics Reporting API」並點選圖36-4框線處的查詢結果。

(圖)36-4　搜尋 Google Analytics Reporting API

點選「啟用」Google Analytics Reporting API，如圖 36-5 框線處所示。

⬛36-5　啟用 Google Analytics Reporting API

如同在秘訣 35. 中 GA 串接 R 軟體一般，請點選頁面中的「建立憑證」(如圖 36-6 框線處)。

⬛36-6　建立憑證

接著請進行憑證相關設定，如圖 36-7。請先將框線①處選取為「Analytics Reporting API」，也就是前面在 API 程式庫啟用的項目。再來，請將框線②處選取為「其他使用者介面 (例如Windows、CLI 介面)」並將框線③處選取為「應用程式資料」，最後點選框線④處「我需要哪些憑證？」。

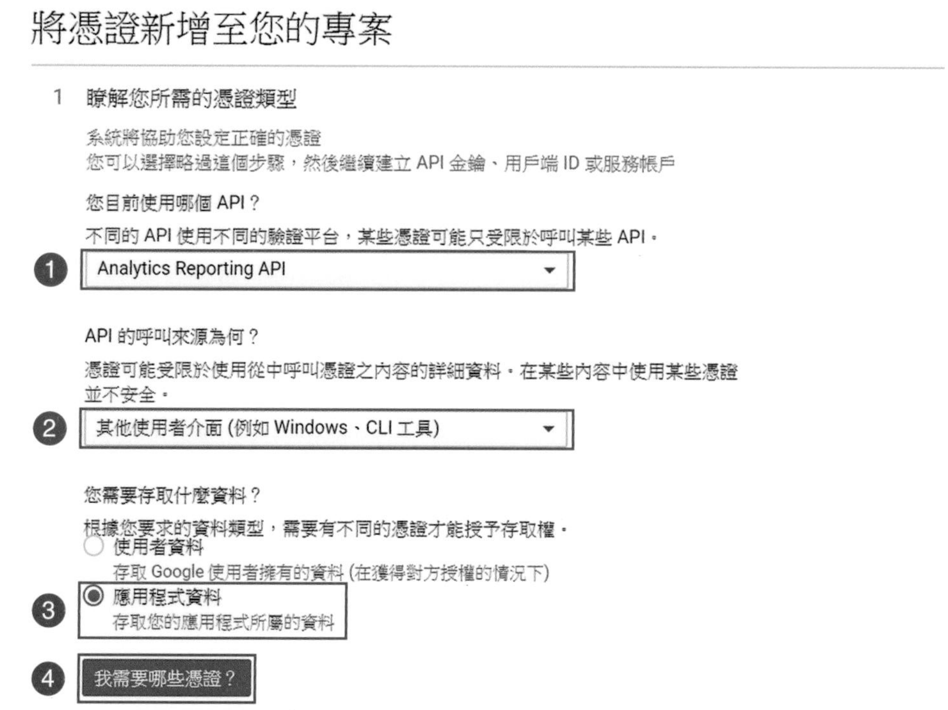

將憑證新增至您的專案

1 瞭解您所需的憑證類型

系統將協助您設定正確的憑證
您可以選擇略過這個步驟，然後繼續建立 API 金鑰、用戶端 ID 或服務帳戶

您目前使用哪個 API？
不同的 API 使用不同的驗證平台，某些憑證可能只受限於呼叫某些 API。

1 Analytics Reporting API ▼

API 的呼叫來源為何？
憑證可能受限於使用從中呼叫憑證之內容的詳細資料。在某些內容中使用某些憑證
並不安全。

2 其他使用者介面 (例如 Windows、CLI 工具) ▼

您需要存取什麼資料？
根據您要求的資料類型，需要有不同的憑證才能授予存取權。
○ 使用者資料
  存取 Google 使用者擁有的資料 (在獲得對方授權的情況下)
3 ◉ 應用程式資料
  存取您的應用程式所屬的資料

4 我需要哪些憑證？

圖 36-7 將憑證新增至專案

接續請建立一個服務帳戶，如圖 36-8 所示。請先在紅框處為服務帳戶命名，接著將角色選取為「IAM → 安全性審查者」，如綠框處所示。金鑰類型也請選擇為「JSON」。

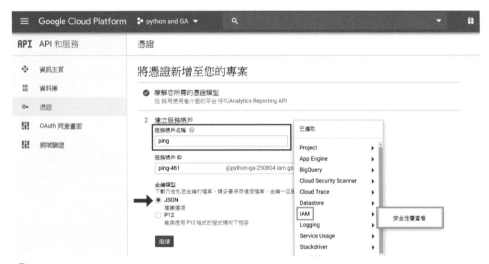

圖36-8　建立服務帳戶

　　另外，請先將服務帳戶 ID 記下 (如圖 36-9 框線處)，後續的操作將會使用到。完成後請點選頁面下方的「繼續」。

圖36-9　記下服務帳戶 ID

　　此時，會跳出一個要求存取 json 檔案的畫面，如圖 36-10 所示，請將此檔案儲存於 Python 工作目錄中，它的內容包含金鑰以及憑證相關資訊。

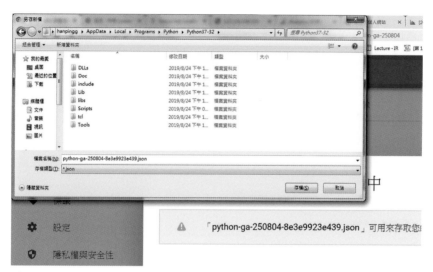

（圖）36-10　儲存 json 檔案

　　接續請回到 Google Analytics 平台管理介面，至目標資源中點選「使用者管理」(圖 36-11 框線處)，再點選「新增使用者」(圖 36-12 框線處)，將稍早於圖 36-9 所記下的服務帳戶 ID，填寫於圖 36-13 箭頭標示處。

（圖）36-11　資源使用者管理

(圖)36-12　新增使用者

(圖)36-13　填寫服務帳戶 ID

　　透過上述步驟已完成Google Cloud Platform中的所有設定，接續將畫面移轉至Python的操作介面，請先開啟IDLE開發環境，如圖36-14所示，並且依序鍵入「import os」以及「os.getcwd()」的程式碼，此用意是為了取得Python當下的工作目錄。

```
Python 3.7.4 (tags/v3.7.4:e09359112e, Jul  8 2019, 19:29:22) [MSC v.1916 32 bit (Intel)] on win32
Type "help", "copyright", "credits" or "license()" for more information.
>>> import os
>>>
>>>
>>> os.getcwd()
'C:\\Users\\hanpingg\\AppData\\Local\\Programs\\Python\\Python37-32'
>>>|
```

(圖)36-14　取得 Python 工作目錄

接續請開啟電腦的命令提示視窗 (CMD)，鍵入「cd」指定要前往的路徑後，空白一個字元再將目前的 Python 工作目錄鍵入，如圖 36-15 框線處所示。請注意路徑要使用反斜線「\」而非「/」。

📖 36-15　進入 Python 工作目錄

進入 Python 工作目錄後，請輸入「python –m pip install --upgrade google-api-python-client」指令，安裝 google-api-python-client 套件，待系統執行完成後再輸入「python –m pip install oauth2client」指令，安裝 oauth2client 套件，執行畫面如圖 36-16 所示。

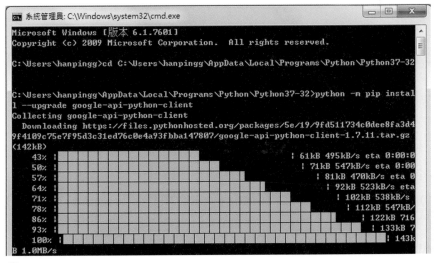

📖 36-16　安裝套件

下載套版文件

請至「https://drive.google.com/file/d/1vapYHGEM4FjKrr6oK-PmZUzHBmOUlaGk/view?usp=sharing」雲端硬碟中下載套版文件,並將其儲存於 Python 工作目錄中,並且使用 IDLE 開發環境將此檔案開啟 (Hello Analytics.py),如圖 36-17 所示。由於該檔案為範例套版文件,因此有些地方需調整為符合自身需求的資訊。首先請找到紅框 ① 處,並將內容取代為稍早於圖36-10 所下載之 json 檔名。接著,將紅框 ② 處取代為 Google Analytics 目標資料檢視 ID (請至資料檢視設定中獲取)。

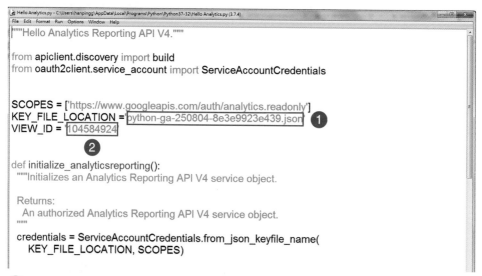

圖 36-17　取得並修改套版文件

接續請找到如圖 36-18的程式碼,這段程式碼就是取得 GA 資料的關鍵,當中包含了以下幾個參數:viewId (GA 資料檢視 ID)、startDate (日期範圍開始時間)、endDate (日期範圍結束時間)、metrics (指標)、dimensions (維度),且皆為必要參數,框線表示使用者可依需求彈性調整之處。其中「startDate」以及「endDate」亦可選擇特定日期區間,其填寫的格式規範為「西元年-月-日」,

例如：「2019-08-31」。至於維度以及指標的填寫方式，請參考祕訣 35. 的「常用維度語法表」以及「常用指標語法表」。以圖 36-18 為例，其維度為「國家」(ga:country)、指標為「工作階段」(ga:sessions)。

```python
def get_report(analytics):
    """Queries the Analytics Reporting API V4.

    Args:
        analytics: An authorized Analytics Reporting API V4 service object.
    Returns:
        The Analytics Reporting API V4 response.
    """
    return analytics.reports().batchGet(
        body={
            'reportRequests': [
            {
                'viewId': VIEW_ID,
                'dateRanges': [{'startDate': 7daysAgo, 'endDate': today}],
                'metrics': [{'expression': ga:sessions}],
                'dimensions': [{'name': ga:country}]
            }]
        }
    ).execute()
```

圖 36-18　定義取回之 GA 資料

　　當所有設定完成之後，請點選畫面上方欄位的「Run」，再點選「Run Module」，將程式碼執行，如圖36-19框線處所示。

圖 36-19　程式碼執行

　　執行結果如圖 36-20 所示，此時就已成功將 GA 資料透過 Python 串接，如此能幫助具備 Python 能力的讀者，藉此進行更彈性與更深入的資料分析。

```
Python 3.7.4 (tags/v3.7.4:e09359112e, Jul  8 2019, 19:29:22) [MSC v.1916 32 bit (Intel)] on win32
Type "help", "copyright", "credits" or "license()" for more information.
>>>
 RESTART: C:\Users\hanpingg\AppData\Local\Programs\Python\Python37-32\Hello Analytics.py
ga:country: (not set)
ga:sessions: 7
ga:country: Australia
ga:sessions: 3
ga:country: Brazil
ga:sessions: 1
ga:country: Canada
ga:sessions: 3
ga:country: China
ga:sessions: 18
ga:country: France
ga:sessions: 1
ga:country: Germany
ga:sessions: 1
ga:country: Hong Kong
ga:sessions: 2
ga:country: India
ga:sessions: 4
ga:country: Ireland
ga:sessions: 1
```

圖 36-20　印出 GA 資料結果

如何透過 Google Data Studio 使用 GA 資料？

- 將 GA 資料匯入 Google Data Studio 使用
- Google Data Studio 的視覺化操作
- Google Data Studio 視覺化報表的共享

關於 Google Data Studio

Google Data Studio 是一項 Google 於 2016 年提出的資料視覺化產品，與坊間其他視覺化產品相比 (例如：SAS、Tableau 等)，它具有「操作簡易」以及「免費」兩種特性。對於初學者而言，若想要快速學習並製作出一份專業的視覺化報表，Google Data Studio 將會是自己的首選。除此之外，由於 Google Data Studio 屬於 Google 旗下的產品，因此它能夠相容於 Google 其他相關產品，例如：Google Analytics、Google AdWords、Google Sheet 等，以上這些產品中的資料都可以直接「匯入」至 Google Data Studio 使用。

當資料匯入 Google Data Studio 以後，透過軟體中的各種功能，就可以將資料進行「視覺化」，將原本死板的條列式資料轉換成為活潑的圖像式報表，如此一來能夠幫助讀取報表的人更容易了解報表所要傳達的內容，而這也就是資料視覺化之目的。更特別的是，透過 Google Data Studio 的「共享」功能，我們能夠將視覺化報表分享給他人參考。若自己是在職人士，透過視覺化報表共享功能，便可實現與團隊成員或同事們共同編輯一份視覺化報表之目標。以上所提及的「資料匯入」、「資料視覺化」、「成果共享」三個步驟搭建起 Google Data Studio 主要架構，接下來的內容將會依序為各位讀者進行介紹。

事前準備

如圖 37-1 所示，首先請於Google 搜尋引擎中鍵入「Google Data Studio」，點選框線處的搜尋結果，進入Google Data Studio官方網站。

圖 37-1　搜尋 Google Data Studio

進入 Google Data Studio 官方網站後，請點選框線處的「USE IT FOR FREE」，如圖 37-2 所示，並且登入 Google 帳戶。

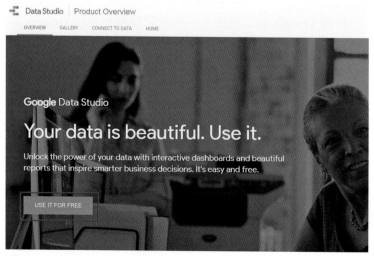

圖 37-2　登入 Google 帳號

資料匯入

進入 Google Data Studio 設定頁面，如圖 37-3 所示，請點選框線處的「＋建立」，並從中選擇「資料來源」(圖 37-4 框線處)。接著請依照畫面指示完成條款同意與基本偏好設定。

圖 37-3　建立資料來源 (1)

圖 37-4　建立資料來源 (2)

　　完成之後，請重複上述操作 (點選「建立」→「資料來源」)，畫面即會如圖37-5 所示。此時請於畫面左上角框線處定義資料來源名稱，並於箭頭指向處的 GA 項目上點選「選取」。接續請點選「授權」(圖 37-6 框線處)，選取目標GA 帳戶及來源後點選畫面中的「連結」，完成 Google Data Studio 與 GA 帳戶的綁定。

圖37-5　選取資料來源

圖37-6　進行資料授權

　　此時，畫面中的列表顯示了 GA 所有可使用的維度及指標如圖 37-7 所示。其中包含了索引、欄位、類型、匯總以及說明等項目。「欄位」項目指的是維度或指標名稱，它具有綠色及藍色之分，其中綠色代表維度，而藍色代表指標。「類型」項目說明的是該維度或指標的型態資料。「匯總」項目中包含「無」以及「自動」兩種值，讀者可以發現只要是維度欄位就會搭配「無」，指標欄位就會搭配「自動」。了解列表中的內容後，接著點選畫面右上角框線處的「建立報表」。

索引	欄位		類型		連接	說明	
202	城市	⋮	🌐	城市	▾	無	CITY
203	修正關鍵字	⋮	ABC	文字	▾	無	SEARCH_KEYWORD_REFINEMENT
204	客戶開發來源/媒介	⋮	ABC	文字	▾	無	USER_ACQUISITION_SOURCE_MEDIUM
205	廣告活動	⋮	ABC	文字	▾	無	CAMPAIGN
206	資料來源	⋮	ABC	文字	▾	無	DATA_SOURCE
207	單次點擊出價	⋮	123	幣別 (USD - 美元 ($))	▾	自動	CPC
208	千次曝光出價	⋮	123	幣別 (USD - 美元 ($))	▾	自動	CPM
209	點閱率	⋮	123	百分比	▾	自動	CTR
210	放棄的程序	⋮	123	數字	▾	自動	GOAL_ABANDONS_ALL

圖 37-7　維度及指標列表

　　接著，出現如圖 37-8 的畫面，請點選框線處「加入報表」，完成 GA 資料匯入 Google Data Studio 動作。

您即將在這份報表中加入資料來源

GA測試

請注意，**報表編輯器**可運用新的資料來源建立圖表，且能新增目前未納入報表的維度和指標。

取消　　　加入報表

圖 37-8　加入報表

資料視覺化

圖 37-9 為 Google Data Studio 的操作介面,其中綠框處為報表編輯框,點擊藍框處可進行報表預覽畫面以及編輯畫面的切換。另外,點擊紅色箭頭處可以對此報表進行命名,而紅框①處可進行版面設置以及主題設置的操作,至於紅框②處是所有項目列表。其中在「新增圖表」項目中,Google Data Studio提供了多樣的視覺化圖表供使用者選擇。

圖 37-9　Google Data Studio 編輯畫面

假設今日欲在編輯框中插入一個時間序列圖,首先請點選「新增圖表」,並從中選取「時間序列圖表」,如圖 37-10 框線處所示。並且在編輯框中利用滑鼠拖曳出圖表所要擺放的位置以及大小後即完成圖表的插入 (如圖 37-11 所示)。接著,可於畫面右手邊紅框處進行圖表資料以及圖表樣式的設定。在圖表資料的設定中,可以調整時間序列圖的維度及指標,不僅如此,還能夠調整日期範圍或者增加篩選器或區隔等進階功能。而在圖表樣式的設定中,則可以調整圖表的背景、圖表的邊框、圖表的呈現方式等項目。透過這些設定能夠幫助視覺化圖表資料更精準、設計更精美。

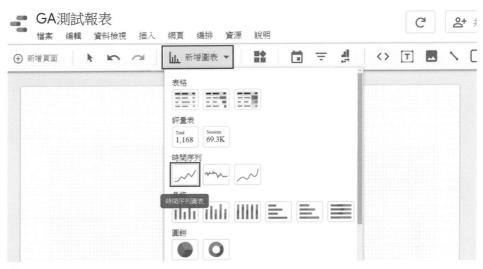

圖37-10　新增圖表

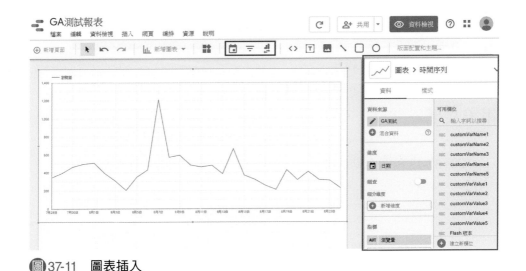

圖37-11　圖表插入

　　除了上述的各種多元化圖表以外，另外可以在圖 37-11 報表編輯框內插入藍框處的選單項目，由左至右分別為「日期範圍」、「篩選器控制」以及「資料控制」。之所以稱為選單項目，代表這幾個項目在報表製作完成後，可以直

接在報表上透過選單調整其他多元化圖表的資料條件,而無須再進入編輯畫面
進行設置。

透過上面所描述的多元化圖表插入、版面與主題的設置、圖表資料的設
定、圖表樣式的設定,我們就可以製作出一個極具創意且精美的視覺化報表如
圖37-12所示。

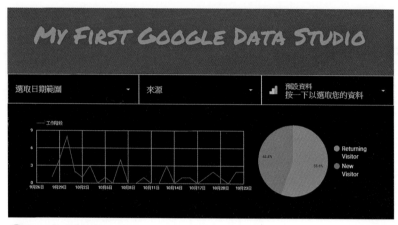

圖37-12 視覺化報表

報表共享

如圖 37-13 所示,點選畫面上方框線處的圖標,開啟共用報表功能。

圖37-13 報表共用

共用設定畫面如圖 37-14 所示，首先在紅框處填入欲授權者的名稱或是電子郵件，接著透過紅色箭頭處設定權限，若希望收件者能夠共同編輯這份視覺化報表，請選擇「可以編輯」；若僅希望收件者僅能查看視覺化報表，請選擇「可以檢視」。接著請在藍框處附注說明，方便被授權者識別信件。

📷 37-14　共用設定畫面

除此之外，也可以點選圖 37-15 框線處的「開啟連結共用設定」，這時只要取得下方藍框處連結的人，都可以檢視這份視覺化報表。

📷 37-15　連結共用設定

若收到編輯邀請，畫面如圖 37-16 所示，點選框線處的「開啟」畫面即會被帶入 Google Data Studio 的視覺化報表編輯畫面，達成報表共享。

圖 37-16　收到編輯邀請

▌結語 CONCLUSION

　　Google Analytics (GA) 早已成為網站流量分析領域中的顯學，自 2005 年上市至今歷經多次改版，每一次的變動都讓程式設計師或行銷分析師疲於奔命，總是希望自己別在這重要的分析工具上產生知識落差。除此之外，GA 在預設情況下，並未提供許多進階分析功能，導致使用者常感到有心無力，不知道該如何在網站上實現自己理想中的 GA 分析功能。有鑑於此，本書歸納了許多 GA 零散卻重要的進階功能，以系統化方式整理出運作釐清篇、名詞比較篇、功能操作篇、報表解讀篇及外部整合篇，每一篇內容皆囊括大家在使用 GA 時所遇到的困難解答，使各位在深化自己 GA 進階分析能力之餘，也能夠將所遇到的疑難雜症迎刃而解。

　　俗話說：「知己知彼，百戰百勝。」而 GA 正是可用來深度剖析自己經營網站的絕佳利器，希望透過本書的內容分享，能夠讓廣大讀者持續深化 GA 分析技能，朝向專業流量分析師邁進。最後，若對本書內容有任何疑問或指教，皆歡迎您撥冗來信 (hanping311111@gmail.com)，讓我們一同為網站流量分析努力！

博雅科普 012

Google Analytics 疑難雜症大解惑

讓你恍然大悟的 37 個必備祕訣

作　　者　曾瀚平、鄭江宇

責任編輯　紀易慧

文字校對　許宸瑞、林芸郁

封面設計　姚孝慈

內文排版　賴玉欣

發 行 人　楊榮川

總 經 理　楊士清

總 編 輯　楊秀麗

副總編輯　張毓芬

出 版 者　五南圖書出版股份有限公司

地　　址　台北市和平東路二段 339 號 4 樓

電　　話　(02)2705-5066

傳　　真　(02)2706-6100

郵撥帳號　01068953

網　　址　https://www.wunan.com.tw/

電子郵件　wunan@wunan.com.tw

戶　　名　五南圖書出版股份有限公司

法律顧問　林勝安律師事務所　林勝安律師

出版日期　2018 年 6 月初版一刷

　　　　　2018 年 8 月初版二刷

　　　　　2020 年 2 月二版一刷

　　　　　2021 年 4 月二版二刷

定　　價　新臺幣 500 元

國家圖書館出版品預行編目（CIP）資料

Google Analytics疑難雜症大解惑:讓你恍然大
悟的37個必備祕訣／曾瀚平, 鄭江宇著. －－
二版. －－臺北市：五南圖書出版股份有限公
司, 2020.02
　　面；　公分 －－（博雅科普；12）
　ISBN 978-957-763-854-0 (平裝)
1.網路使用行為　2.資料探勘　3.網路行銷
312.014　　　　　　　　　　　109000089